微生物检测技术
与实践研究

李 丹◎编

四川科学技术出版社

图书在版编目（CIP）数据

微生物检测技术与实践研究 / 李丹编 . -- 成都：
四川科学技术出版社 , 2023.8（2024.7 重印）
ISBN 978-7-5727-1122-0

Ⅰ.①微… Ⅱ.①李… Ⅲ.①微生物—检测—研究
Ⅳ.① Q93-332

中国国家版本馆 CIP 数据核字（2023）第 162235 号

微生物检测技术与实践研究
WEISHENGWU JIANCE JISHU YU SHIJIAN YANJIU

编　者　李　丹

出 品 人　程佳月
责任编辑　李　珉
助理编辑　刘倩枝
封面设计　星辰创意
责任出版　欧晓春
出版发行　四川科学技术出版社
　　　　　成都市锦江区三色路 238 号　邮政编码 610023
　　　　　官方微博 http://weibo.com/sckjcbs
　　　　　官方微信公众号 sckjcbs
　　　　　传真 028-86361756
成品尺寸　185 mm×260 mm
印　　张　7
字　　数　140 千
印　　刷　三河市嵩川印刷有限公司
版　　次　2023 年 8 月第 1 版
印　　次　2024 年 7 月第 2 次印刷
定　　价　56.00 元
ISBN 978-7-5727-1122-0
邮　　购：成都市锦江区三色路 238 号新华之星 A 座 25 层　邮政编码：610023
电　　话：028-86361770

前　言

　　微生物检测是一项复杂的技术，它涉及多个行业和领域，在实验室检测中占据着重要的地位。研究医学微生物学需要运用免疫学、临床医学、临床抗生素学等学科的专业知识，深入了解病原微生物的信息，并利用这些信息来制订出更加精细、高效的微生物学诊断策略，为临床预防、诊断和治疗感染性疾病提供实验室依据。由于各种复杂的因素，微生物检测的结果可能会出现偏差或错误，因此，必须建立一套完善的、持续的、精准的检测体系，以保证检测的准确性和及时性，在提高微生物检测技术水平的同时，也要提升检测人员的检测技能。

　　近年来，随着临床微生物检测技术的飞速发展，临床微生物检测不仅可以为传统的感染性疾病的诊断提供支持，而且还可以为医院的感染监控以及抗菌药物的正确使用提供可靠的依据，从而为患者提供更加准确、安全的治疗信息。经由精确的微生物检测，可以更准确地识别和预防各种疾病，从而更好地评价医护工作的效果。微生物检测作为一种临床诊断方法，其价值不可低估，应当被大力普及。

　　本书立足于医学检验学基础，理论联系实际，将临床诊治与实践技术相结合，对当代医学微生物检测的理论、技术及应用进行了较为全面的叙述，适合临床微生物实验室检测人员和临床医生参考阅读。

CONTENTS 目录

第一章 细菌的基础理论

第一节 细菌的形态与结构

一、细菌的大小与形态

（一）细菌的大小

细菌个体微小，通常以微米（μm）作为测量单位，需用光学显微镜放大几百倍乃至几千倍才能看到。不同种类的细菌大小不一，同种细菌的大小也可因菌龄或环境因素的变化出现差异。如，多数球菌的直径约为 1 μm；中等大小杆菌（如大肠埃希菌）长 2 ~ 3 μm，宽 0.5 ~ 0.7 μm；大杆菌（如炭疽芽孢杆菌）长 3 ~ 10 μm，宽 1.0 ~ 1.5 μm；小杆菌（如布鲁氏菌）长 0.6 ~ 1.5 μm，宽 0.5 ~ 0.7 μm。

（二）细菌的形态

根据细菌的不同特征，可以把细菌按形态分为三个主要的类别：球菌、杆菌和螺形菌。

1. 球菌

球菌的外观通常是球形的，但也有少数类似于肾形、矛头状或者半球形。按球菌繁殖时分裂平面和分裂后菌体排列方式的不同可分为：①双球菌。细菌在一个平面上分裂，分裂后两个菌体呈双排列，如脑膜炎奈瑟菌、淋球菌、肺炎链球菌。②链球菌。细菌在一个平面上分裂，分裂后多个菌体连成链状，如溶血性链球菌。③葡萄球菌。细菌在多个不规则的平面上分裂，分裂后菌体连在一起似葡萄串状，如金黄色葡萄球菌。④四联球菌。细菌在 2 个相互垂直的平面上分裂为 4 个菌体，排列成正方形的称为四联球菌。⑤八叠球菌。细菌在 3 个相互垂直的平面上分裂为 8 个菌体，呈立方体排列在一起的称为八叠球菌。

2. 杆菌

杆菌形态多数呈直杆状。各种杆菌的大小、长短、粗细差别很大。有的菌体短小，两端钝圆，近似椭圆形，称为球杆菌；有的末端膨大呈棒状，称为棒状杆菌，如白喉棒状杆菌。按杆菌分裂后菌体排列方式的不同可分为：①单杆菌。菌体呈分散排列，如大肠埃希菌。②双杆菌。菌体呈双排列，如肺炎克雷伯菌。③链杆菌。菌体呈链状排列，如枯草芽孢杆菌、炭疽芽孢杆菌等。④分枝杆菌。菌体呈分枝状排列，如结核分枝杆菌。

3. 螺形菌

螺形菌分为弧菌和螺菌等。菌体只有一个弯曲，呈弧形或逗点状，称为弧菌，如霍乱弧菌。菌体有 2 个或以上的弯曲，称为螺菌，如鼠咬热螺菌。

二、细菌的基本结构

细菌的结构可以划分为基本结构和特殊结构，前者指的是一般细菌的共同特征，从外到内依次为细胞壁、细胞膜、细胞质和核质；而后者则指某些特定细菌的独特结构，如鞭毛、菌毛、荚膜和芽孢等，它们的存在可以极大地改变细菌的形态和功能。

（一）细胞壁

细胞壁位于细胞最外层，紧贴细胞膜，通常呈现出无色、透明、坚韧且具有弹性的膜状结构，很难通过常规的光学显微镜方法被发现。可通过电子显微镜进行检查，或经过高浓度的溶液进行处理后，再使用光学显微镜观察。

1. 化学组成与结构

通过革兰氏染色法，我们可以将细菌分为两类：革兰氏阳性菌（G^+ 菌）和革兰氏阴性菌（G^- 菌）。

（1）肽聚糖

肽聚糖也称黏肽，是细菌细胞壁的主要组分，也是原核细胞所特有的成分。两类细菌拥有不同的肽聚糖，革兰氏阳性菌的肽聚糖由聚糖骨架、四肽侧链和五肽交联桥三部分构成三维立体结构；革兰氏阴性菌的肽聚糖由聚糖骨架与四肽侧链构成二维网状结构。聚糖骨架由 N– 乙酰葡糖胺和 N– 乙酰胞壁酸交错间隔排列，经 β–1，4– 糖苷键连接而成。四肽侧链由 4 种氨基酸连接在聚糖骨架的 N– 乙酰胞壁酸上。五肽交联桥由 5 个甘氨酸组成，用于连接相邻聚糖骨架上的四肽侧链。不同细菌细胞壁的聚糖骨架一致，但四肽侧链的构造和连接方式各异。

青霉素、溶菌酶和头孢菌素等物质能破坏肽聚糖结构或抑制其合成，使细菌不能形成完整的细胞壁，从而导致细菌死亡。人和动物细胞无细胞壁结构，故青霉素等对人体细胞无毒性作用。

（2）磷壁酸

磷壁酸为革兰氏阳性菌特有的细胞壁成分，分为壁磷壁酸和膜磷壁酸。两种磷壁酸分子长链一端游离于细胞壁外。壁磷壁酸另一端与肽聚糖连接，是表面抗原成分，可用于细菌的血清学分型；膜磷壁酸另一端与细胞膜外层的糖脂连接，与细菌的致病性有关。

（3）外膜

外膜为革兰氏阴性菌的特有成分，肽聚糖的外层是外膜，包含脂蛋白、脂质双层和脂多糖三部分。脂质和蛋白质构成脂蛋白，位于肽聚糖层和外膜之间。脂质双层是革兰氏阴性菌细胞壁的主要结构，其间包含一些特异蛋白质。脂多糖包含脂质 A、核心多糖、特异多糖，与革兰氏阴性菌内毒素相关，其中两种多糖的类型和结构可以用来识别不同的菌株。

2. 主要功能

细胞壁的主要功能有：①维持细菌固有外形，抵抗低渗作用。②细菌通过细胞壁完成细胞内外物质交换。③防止对细菌有害的物质渗入。④细胞壁上的抗原决定簇，可引起机体的免疫应答。⑤革兰氏阴性菌细胞壁上的脂多糖具有致病作用，革兰氏阳性菌细胞壁上的磷壁酸具有黏附作用，某些细菌表面还有特殊的蛋白质，与细菌的抗吞噬作用有关。⑥细胞壁是鞭毛运动的支点。

革兰氏阳性菌与革兰氏阴性菌的细胞壁结构的显著差异，使其染色性、免疫原性、毒性和对药物的敏感性等方面均有很大的不同（见表1-1）。

表1-1　革兰氏阳性菌和革兰氏阴性菌细胞壁结构的比较

细胞壁结构	革兰氏阳性菌	革兰氏阴性菌
肽聚糖组成	聚糖骨架、四肽侧链、五肽交联桥	聚糖骨架、四肽侧链
机械强度	强，较坚韧	弱，较疏松
细胞壁厚度	厚，20～80 nm	薄，10～15 nm
肽聚糖层数	多，可达50层	少，1～2层
肽聚糖含量	多，占细胞壁干重的50%～80%	少，占细胞壁干重的5%～20%
糖类含量	约45%	15%～20%
脂类含量	1%～4%	11%～22%
磷壁酸	有	无
外膜	无	有

（二）细胞膜

1. 基本结构

细胞膜位于细胞壁的内侧，是一种具有半渗透性和柔韧性的生物膜。细胞膜由磷脂和多种蛋白质组成，不含胆固醇，可以此区别于真核细胞。

2. 主要功能

细胞膜的主要功能有：①与细胞壁共同完成菌体内外物质的交换。②参与细菌的呼吸过程，与能量的产生、储存和利用有关。③细胞膜上多种合成酶参与肽聚糖、荚膜和鞭毛的合成。④分泌胞外酶。⑤形成中介体（又称中间体）。中介体是细胞膜向细胞质内陷折叠形成的囊状结构，它扩大了细胞膜的表面积，增强了细胞膜的生理功能，增加了酶的含量，可为细菌的生命活动提供大量的能量；中介体还与细菌的分裂、细胞壁的合成和芽孢的形成有关；中介体多见于革兰氏阳性菌。

（三）细胞质

细胞质是由细胞膜包裹着的无色透明的溶胶状物质，其主要成分是水、蛋白质、核酸和脂类。细胞质内含有多种酶，是细菌细胞代谢的重要场所。

1. 核糖体

核糖体，也被称为核糖核蛋白体，游离于细胞质中，数量巨大。核糖体的主要成分为核糖核酸（RNA）、蛋白质，主要用于合成蛋白质。由于细菌核糖体沉降系数比人体核糖体低，故某些药物能结合细菌核糖体从而影响细菌蛋白质的合成，但对人体无影响。

2. 质粒

质粒是染色体外的遗传物质，为闭合环状的双链脱氧核糖核酸（DNA）。质粒并非细菌生命活动所必需的，但它能控制细菌某些特定的遗传性状，如菌毛、细菌素、毒素和耐药性的产生等。质粒还常作为基因运载体用于基因工程。

3. 胞质颗粒

细菌细胞质中包含的各种颗粒称为胞质颗粒，大多作为贮藏营养物质之用，如多糖、脂类、磷酸盐等。不同细菌拥有不同的胞质颗粒，同一细菌在不同环境下含有的胞质颗粒也不同。通常情况下，营养充足时，细胞质中的颗粒会更加密集，能源和养料匮乏时，它们会减少甚至消失。

（四）核质

细菌属于原核细胞，无成形的细胞核，无核膜和核仁。细菌的核质又称为拟核或核区，由一条密闭环状的 DNA 分子反复回旋、卷曲盘绕而成，此 DNA 分子控制着细菌的主要遗传变异性状。

三、细菌的特殊结构

（一）荚膜

荚膜是一种特殊的细菌细胞壁结构，它由一层黏液性物质构成，厚度超过 0.2 μm。厚度 < 0.2 μm 的荚膜，被称为微荚膜，功效和荚膜类似。

1. 显微形态

革兰氏染色法染色荚膜的效果较差，只见菌体周围有未着色的透明圈，但使用特殊染色方法，可以使荚膜染成与菌体不同的颜色。

2. 组成与免疫性

细菌荚膜的形成与周围环境有一定联系。富营养环境下易形成荚膜，普通环境下荚膜难以形成，失去荚膜的细菌在营养丰富的环境中可能恢复荚膜。不同细菌荚膜的化学组成有所不同，多数由多糖组成，少数由多肽组成，还有一些由透明质酸组成。荚膜与同型抗荚膜血清结合，会呈现出明显的膨胀现象，这一现象有助于对细菌进行鉴定和分型。

3. 作用与意义

荚膜的作用与意义有：①具有抗吞噬与消化作用。②能抵抗溶菌酶、补体、噬菌体、抗菌药物等的损伤。③黏附作用，能增强细菌的感染能力。④可作为细菌鉴别和分型的依据之一。⑤荚膜可刺激机体产生抗体，故可以荚膜为抗原制备疫苗。

（二）鞭毛

鞭毛是一种丝状的细菌结构，呈波浪形弯曲并附着在细菌的表面，几乎所有的弧菌、螺菌，部分杆菌和极少球菌具有这种结构。

1. 显微形态

鞭毛直径为 12 ~ 30 nm，可通过电子显微镜观察，或经特殊染色后用光学显微镜观察。也可通过暗视野显微镜观察细菌运动，或在半固态培养基中研究细菌的生长情况，从而推测出它们的存在。

2. 类型

依据鞭毛的数目、生长位置可将鞭毛菌分为四种：①单毛菌，菌体一端有单根鞭毛。②双毛菌，菌体两端各有一根鞭毛。③丛毛菌，菌体一端或两端有一丛鞭毛。④周毛菌，菌体周身有许多鞭毛。

3. 作用

鞭毛的作用包括以下几个方面：①帮助细菌进行运动。②影响细菌的致病性，可以使细菌黏附于宿主细胞，产生毒性物质而致病。③帮助鉴别细菌和作为细菌分类的依据。

（三）菌毛

菌毛是一种特殊的纤维结构，它们短且直，比鞭毛更细，通常存在于革兰氏阴性菌和少数革兰氏阳性菌表面，需使用电子显微镜观察。

1. 普通菌毛

普通菌毛数量多，覆盖于细菌表面，细菌通过菌毛黏附于宿主细胞表面，定植后与宿主细胞表面的特异性受体结合，导致细菌感染。有菌毛的细菌失去菌毛后，其致病力会随之消失。

2. 性菌毛

性菌毛较普通菌毛长而粗，一个菌有 1～4 根，呈中空管状，只在少数革兰氏阴性菌中发现。有性菌毛的细菌称为 F^+ 菌或雄性菌，无性菌毛的细菌称为 F^- 菌或雌性菌。当雄性菌和雌性菌配对接合时，雄性菌会将质粒或染色体 DNA 传递给雌性菌，从而使雌性菌具备雄性菌的一些基因特征。通过这种方式，细菌的耐药性和毒力都能够被传递出去。

（四）芽孢

芽孢是某些细菌在一定环境条件下胞质脱水浓缩，在菌体内形成一个具有多层膜状结构的圆形或椭圆形小体。

1. 形态

使用传统的染色方法很难将芽孢染上颜色，使用普通光学显微镜观察需要采用特殊的芽孢染色技术才能获得最佳的观察效果。芽孢的大小、形态以及其在细菌内部的分布特征因菌种的不同而有所差异。

2. 芽孢的形成

细菌的芽孢形成受到其基因的影响，还受到外界环境的影响。外界环境条件，如碳源、氮源或某些生长因子的缺乏，有氧或无氧等，均可作为细菌形成芽孢的诱因。芽孢形成后，菌体会变得空洞，失去繁殖能力，并逐渐溶解、崩溃。有些芽孢可从菌体脱离进入环境。

3. 特性

芽孢的特性有：①具备完整的核酸结构及相关的酶，能保持细菌生命活性。②代谢速度较慢，营养要求低，能适应恶劣环境。③当处于合适的环境中，芽孢会迅速发芽成完整的菌株。芽孢只是细菌适应环境、保持存活的手段，并非繁殖方式。

4. 作用和意义

芽孢的作用和意义有：①芽孢壁较厚、通透性较弱，使得杀菌物质难以进入；芽孢体水分少，有耐热蛋白质，吡啶二羧酸含量较多，使其具备对热力、干燥、化学消毒剂、辐射等强大的抵抗力。②芽孢本身无法传播疾病，但在合适的环境下芽孢会发芽成菌体，大量繁殖可能诱发各种疾病。③芽孢具有较强的生存能力，因此可以通过观察芽孢是否被灭活来评估灭菌效果。④芽孢的大小、形态和其在菌体的位置因不同的菌种而不同，为鉴别细菌类型提供证据。

（五）细菌的非典型形态与结构

1.非典型形态细菌的形态与结构

非典型形态的细菌在合适的环境中会维持相对稳定的状态，但如果受到外界的不利影响，它们的形状和结构会发生一定变化。这种变化可以是暂时的，外界不利影响消失后，细菌可重新回到原来的状态。细菌在适宜条件下生长 8 ~ 18 h 时形态较为典型。细菌在不利环境下发生形态改变后有时难以鉴别，所以在观察细菌的形态特征时，应留意菌体由自身或环境因素等所引起的变化。有时也可利用人为方式，使细菌产生非典型变化，以帮助鉴别某些细菌。

2.细菌细胞壁缺陷型

细菌细胞壁缺陷（L 型）存在细胞壁缺陷，可在人工诱导或自然状态下产生。此类细菌后代会继承亲代基因，但其生物学性状出现明显的改变，能够耐受作用于细胞壁的抗生素。大部分细菌具有 L 型的形态。革兰氏阳性菌细胞壁完全缺失时，称为原生质体，只能在较高渗透压环境中生成。革兰氏阴性菌因含肽聚糖少，有外膜保护，且内部渗透压较革兰氏阳性菌低，其 L 型多呈圆球体，称为原生质球，可在高渗或非高渗环境中存活。

细菌 L 型的主要生物学特性有：①因缺失细胞壁，故细菌可有多种形态，如球状、杆状或丝状，且大多为革兰氏阴性细菌。②细菌 L 型在普通培养环境中难以存活，但在含血清的软琼脂高渗培养基中能缓慢生长，形成菌落。③细菌 L 型常在去除诱发因素后变为原来的形态。④细菌 L 型仍存在致病性，可引起多种组织的间质性炎症，但常规细菌学检查结果常呈阴性。

第二节　细菌的生理

一、细菌的主要理化性状

（一）细菌的化学组成

细菌的细胞内存在多种化学物质，主要有水、无机盐、糖类、脂质、核酸和蛋白质等，是细菌进行生命活动的物质基础。水在细菌细胞中含量最多，占细胞总质量的 75% ~ 90%。除水分以外，细菌细胞的主要固形物是有机物，其中糖类大多为多糖，占细菌干重的 10% ~ 30%；蛋白质占细菌干重的 50% ~ 80%；DNA 主要存在于染色体和质粒中，约占细菌干重的 3%；RNA 存在于细胞质中，约占细菌干重的 10%。另外，还有少数无机离子，如钠、钾、镁、铁、钙和氯等离子，用以构成细胞的各种成分并且维持酶的活性和跨膜化学梯度。除此之外，细菌体内还含有一些原核细胞型微生物特有的化学物质，如肽聚糖、磷壁酸、胞壁酸、二氨基庚二酸、D 型氨基酸、吡啶二羧酸等，这些物质在真核细胞中还尚未发现。

（二）物理性状

1.带电现象

蛋白质占细菌干重的 50% ~ 80%，成分主要为兼性离子氨基酸，导致细菌带电荷。在一定 pH 值的溶液内，氨基酸电离的阳离子和阴离子数相等，此时 pH 值称为细菌的等电点（pI）。

研究表明，随着 pH 值的变化，细菌所带电荷也会发生变化：溶液 pH 值与细菌等电点相同时，细菌不带电荷；溶液 pH 值低于细菌等电点时，细菌带正电荷；溶液 pH 值高于细菌等电点时，细菌带负电荷。革兰氏阴性菌的等电点为 4 ~ 5，革兰氏阳性菌的等电点为 2 ~ 3，因此，在弱碱性或接近中性的环境中细菌均带负电荷。细菌的带电现象与细菌的凝集反应、染色反应、杀菌和抑菌等作用有密切关系。

2. 光学性质

细菌细胞为半透明体。当光线照射至菌体时，一部分光线被折射，一部分光线被吸收，所以细菌悬液呈现混浊状态。此现象可帮助判断液体中有无细菌繁殖。此外，悬液中细菌数量越多，浊度就越大，因此可利用比浊法或分光光度计来粗略估算悬液中细菌的数量。由于细菌具有这种光学性质，也可用相差显微镜观察其形态和结构。

3. 表面积

细菌体积微小，但相对表面积大。根据球体的表面积公式与体积公式可知，细胞表面积与体积之比和细胞半径成反比。较大的表面积使得细菌能够更容易地进行物质的转移和吸收，从而促进其生长和繁殖。

4. 渗透压

革兰氏阴性菌的渗透压一般为 506.625 ~ 607.950 kPa，革兰氏阳性菌的渗透压一般为 2 026.500 ~ 2 533.125 kPa，这是由于细菌细胞中存在大量的无机盐和有机物，使得它们的渗透性较高。通常情况下，细菌生活在低渗的环境中，受细胞壁保护而存活。在纯水中，细胞会因大量吸水而破裂。若环境渗透压更高，细菌细胞的水分会流失，导致细胞质浓缩，从而无法正常生长和繁殖。

5. 半透性

细菌的细胞膜和细胞壁具有半透性，水分子和一些小分子物质能够轻易地穿过，这种特性有助于细菌更好地吸收营养，并将代谢产物有效地排出体外。

二、细菌的营养与生长繁殖

细菌的营养是指细菌从外部环境中摄取营养物质，用于自身的各种生命活动。在适宜的环境中，细菌可以通过分裂来产生新的个体，从而使其数量不断增加，这一过程被称为细菌的生长繁殖。营养与生长繁殖之间的关系十分密切。

（一）细菌的营养类型

每种细菌的代谢特征、酶结构不同，故营养物质的需要量存在差异，根据细菌所利用的营养物质的来源不同，可以把它们分为两大营养类型。

1. 自养菌

该类细菌以简单的无机物为原料，利用 CO_2、CO_3^{2-} 作为碳源，利用 NH_3、N_2、NO_3^-、NO_2^- 等作为氮源，合成菌体所需的有机物质。这类细菌所需能量来自无机物的氧化，称为化能自养菌，通过光合作用获得能量的称为光能自养菌。

2. 异养菌

这种细菌需要多种来源的蛋白质、糖类、氨基酸等来构建它们的生命。这些细菌包括寄生菌和腐生菌。寄生菌寄生于活体内，从宿主身上获得营养；腐生菌以无生命的有机物质（如腐败食物、动植物尸体等）作为营养物。

（二）细菌的营养物质

细菌的生长繁殖需要营养物质作为物质基础。充足、均衡的营养包含水、碳源、氮源、生长因子以及各种无机盐等物质。当采用实验室技术对细菌进行人工培育，就必须根据其特性，调配合适的营养组合，以满足其正常的生存需要。

（1）水

水是所有生命活动的基础，它不仅是细菌细胞的主要组成部分，也是一种极佳的溶剂，能够有效地溶解营养物质，促进营养物质的吸收。此外，它还能够促进细菌的新陈代谢，调节温度，为生命的发展提供必要的条件。

（2）碳源

碳源对于细菌来说至关重要，它不仅可以帮助细菌合成蛋白质、糖类、脂质、核酸和酶，还可以为它们的新陈代谢提供必要的能量。细菌通常会从含碳的化合物（如糖类、有机酸等）中摄取碳。

（3）氮源

氮源一般不提供能量，主要为菌体的生长提供原料。细菌主要从蛋白胨、氨基酸等有机氮化物中获得氮。少数细菌，如克雷伯菌可以摄取硝酸盐甚至氮气中的氮，但利用率十分低。

（4）生长因子

生长因子是细菌生长繁殖所需要的物质，主要是氨基酸、维生素、嘌呤和嘧啶等。此外，一些细菌需要独特的生长因子，例如V因子（辅酶Ⅰ或辅酶Ⅱ）和X因子等。

（5）无机盐

细菌的生存离不开多种元素构成的多种无机盐。一般而言，细菌需要浓度为（1～10）×10^{-4} mol/L 的元素为常量元素，通常包含钾、钠、镁、钙、铁、磷、硫等；需要浓度为（1～100）×10^{-8} mol/L 的元素为微量元素，包括锌、铜、锰、钴、钼等。

各类无机盐的作用有：①构成菌体的必要成分。②参与能量的储存和转运。③调节菌体内外渗透压。④作为酶的组成部分，维持酶的活性。⑤某些元素与细菌的生长繁殖和致病性密切相关。一些微量元素并非所有细菌都需要，不同菌种只需要其中的一种或数种。

根据细菌需要营养物质的不同，将细菌划分为两类：①非苛养菌。其适应性较强，对营养要求不高，例如葡萄球菌、大肠埃希菌等，它们在普通营养环境中即可生长繁殖。②苛养菌。是指那些难以在普通营养环境下正常生长繁殖的细菌，如流感嗜血杆菌和百日咳鲍特菌。这些细菌依赖特定的营养物质才能生存。

（三）细菌生长繁殖的条件

1. 充足的营养物质

充足的营养物质可以为细菌的生长繁殖提供充足的能量。

2. 适宜的酸碱度

细菌的生化反应均为酶促反应，需要合适的酸碱环境以维持生命活动。大多数细菌的最适生长 pH 值为 7.2 ~ 7.6，在此环境中，细菌的新陈代谢旺盛、酶活性强。也有部分细菌更适应偏酸性或偏碱性的环境，如结核分枝杆菌在 pH 值为 6.4 ~ 6.8 的环境、霍乱弧菌在 pH 值为 8.4 ~ 9.2 的环境中生长最好。

3. 合适的温度

细菌生长所需的温度各不相同。多数细菌在长期进化过程中适应了人体环境，其最适生长温度为 35 ~ 37℃。所以当人体感染细菌后通常会自发调节身体温度，破坏其生长环境，从而起到消灭细菌的作用。个别细菌如耶尔森菌的最适生长温度为 20 ~ 28 ℃，而空肠弯曲菌的最适生长温度为 36 ~ 43 ℃。

4. 必要的气体环境

O_2、CO_2 为大多数细菌生长繁殖所需的气体，通常代谢所产生的和空气中含有的 CO_2 已足够一般细菌所需。

根据细菌对 O_2 的需求，可以把细菌划分为 4 类：①专性需氧菌。此类细菌具有完善的呼吸酶系统，需要分子氧完成呼吸作用，必须在有氧环境中生长。②专性厌氧菌。此类细菌缺乏完善的呼吸酶系统，无法利用分子氧，且游离氧对其有毒性，只能在低氧分压或无氧环境中进行无氧发酵。③兼性厌氧菌。此类细菌可同时进行有氧呼吸与无氧发酵，在有氧和无氧环境中均能生长，但在不同环境中生成的呼吸产物不同。大多数细菌属于兼性厌氧菌。④微需氧菌。此类细菌适合于在氧气含量为 5% ~6% 的条件下生存，当氧气含量超过 10%，它们的生命活动就会遭到抑制。

5. 渗透压

多数细菌在等渗或低渗环境中都能生长，但少数的嗜盐菌在较高盐浓度的环境中也能生长，称为兼性嗜盐菌。专性嗜盐菌的最适盐浓度为 25% ~ 90%，若在低渗环境中，这类细菌细胞壁将会破裂溶解。

（四）细菌生长繁殖的规律

营养条件和菌种差别会影响细菌繁殖速度。通常环境下，大多数细菌只要 20 ~ 30 min 就能完成一次分裂。有些细菌的生长繁殖时间较长，如结核分枝杆菌，它们要花费 18 ~ 20 h 分裂一次。

1. 细菌的生长繁殖方式

细菌以无性二分裂方式进行繁殖。

细菌的分裂繁殖过程为：①细胞体积增大。②染色体复制，并与中介体相连。③中介体一分为二，各向两端移动，分别将复制好的染色体拉向细胞的一侧。④染色体中部的细胞膜内陷形成横隔，同时细胞壁向内生长。⑤肽聚糖水解酶使肽聚糖的共价键断裂，分裂成两个子代细胞。

2. 细菌的生长曲线

研究细菌生长繁殖常通过研究细菌群体数量变化的方式进行。培养一定数量的细菌，间隔一定时间取样检测活菌数目，以培养时间为横坐标，以培养物中活菌数的对数为纵坐标绘制一条曲线，称为细菌的生长曲线。

通过观察细菌的生长曲线，可发现细菌的生长和繁殖可以划分为 4 个阶段。

（1）迟缓期

当细菌进入某个新的生存环境时，它们会经历一个叫作迟缓期的过程。在这个过程中，细菌菌体变大，代谢加速，并且会开始分泌和生成许多必需的化学物质，为繁殖做准备，但繁殖极少。这个过程的时间与环境和菌种有关，时间通常在 1 ~ 4 h。

（2）对数期

细菌在该期生长迅速，生长曲线呈直线上升，达到顶峰状态。此期细菌具有典型的形态、生理特性、染色性等，对外界环境较敏感。此时期细菌生长速度受外界条件及自身遗传特征的影响，一般细菌对数期出现在培养后的 8 ~ 18 h。

（3）稳定期

由于细菌在对数生长期快速繁殖，周围营养物质被消耗，环境 pH 值下降，并不断累积代谢产物，如抗生素、外毒物、色素等，所以此期细菌繁殖速度开始下降，同时死亡率随之上升，最终达到一定的平衡状态，其生长曲线变得平缓。在这个阶段，细菌的形态与生理特征常有变化。

（4）衰亡期

在这个时期，由于缺乏必要的营养物质以及大量有害代谢产物堆积，周围环境状况恶化，细菌繁殖速度降低，死亡率增加。此时期细菌形态发生明显变化，生理活动逐渐停止，可能影响对细菌的鉴别。

三、细菌的新陈代谢

细菌的新陈代谢是指细菌细胞内合成代谢与分解代谢的总和，其显著特点是代谢旺盛和代谢类型的多样化。伴随着代谢过程，细菌可产生多种代谢产物，其中一些产物在细菌的鉴别和医学研究上具有重要意义。

（一）细菌的能量代谢

细菌能量代谢活动中主要涉及三磷酸腺苷（ATP）形式的化学能。细菌细胞有机物分解或无机物氧化过程中释放的能量通过底物磷酸化或氧化磷酸化来合成 ATP。

生物氧化是一种基础的能量代谢过程，它可以通过加氧、脱氢和脱电子等方式来实现，而细菌的脱氢或失电子的方式更为普遍。在不同的环境条件下，细菌的氧化过程、代谢产物及其产生的能量多少都会有所差异。

细菌通常利用糖类作为能源，通过糖的氧化或酵解释放能量，并以高能磷酸键的形式储存能量。自然界中糖类包括寡糖、多聚糖、单糖等，葡萄糖是利用最广的糖类，其他单糖类多数都需要转化为葡萄糖或其磷酸化合物，再进一步降解。下面以葡萄糖为例，简述细菌的能量代谢。

1. 需氧呼吸

需氧呼吸是指以分子氧作为最终受氢体的生物氧化过程。需氧呼吸是需氧生物将底物完全氧化获得能量的主要方式。例如，1 分子的葡萄糖经过氧化后会变成 H_2O 和 CO_2，并生成 38 分子的 ATP。这种氧化过程是生物体获取能量的主要途径。

2. 厌氧呼吸

厌氧呼吸是一种特殊的生物氧化过程，它利用无机物（除 O_2 外）来转化氢原子，但这种方法的能量转化效率较低，只有少数细菌能够利用这种方式来获取能量。

3. 发酵

发酵是指以有机物作为最终受氢体的生物氧化过程。发酵作用不能将底物彻底氧化，因此产生的能量较少。1 分子葡萄糖经发酵仅产生 2 分子 ATP。

需氧呼吸必须在有氧条件下进行，厌氧呼吸、发酵必须在无氧条件下进行。

（二）细菌的分解代谢

不同种类的细菌具有不同的酶系，利用营养物质的能力和形成的代谢产物也不同。利用生化试验来检测细菌对各种物质的代谢作用及其代谢产物的试验方法，称为细菌的生化反应。生化反应对鉴别细菌有非常重要的意义。

1. 糖类的分解

糖类是细菌代谢所需能量的重要来源，也是构成菌体有机物质的碳源。多糖类物质须先经细菌分泌的胞外酶分解为单糖（葡萄糖），再被吸收利用。细菌将多糖分解为单糖，然后转化为丙酮酸，此分解过程基本相同，而对丙酮酸的进一步分解，不同的细菌会产生不同的终末产物。需氧菌经三羧酸循环将丙酮酸彻底分解成 CO_2 和 H_2O，在此过程中产生多种中间代谢产物。厌氧菌则发酵丙酮酸，产生各种酸类（如甲酸、丙酸、乙酸等）、醛类（如乙醛）、醇类（如丁醇、乙醇）、酮类（如丙酮）。常用的检测糖类分解代谢产物的生化试验有糖发酵试验、甲基红试验和 V–P 试验等。

2. 蛋白质和氨基酸的分解

细菌分泌的胞外酶先将复杂的蛋白质分解为短肽，再由胞内酶将短肽分解为氨基酸。能分解蛋白质的细菌很少，而蛋白酶专一性又很强，因此可以利用这些酶的特异性和高度选择性鉴别细菌。能分解氨基酸的细菌较多，其分解能力也各不相同，主要通过脱氨、脱羧两种方式来实现。

3. 其他物质的分解

细菌不仅能够分解蛋白质和糖类，而且还能够将一些有机物和无机物转化为有用的物质，例如，产气肠杆菌可以分解枸橼酸钠，而变形杆菌则可以分解尿素。此外，由于不同细菌产生的酶的差异，它们的代谢产物也会有所不同，因此可以用来鉴别细菌。

（三）细菌的合成代谢

细菌通过利用分解代谢产生的物质和能量构建菌体，如细胞壁、蛋白质、多糖、核酸、脂肪酸等，同时也通过合成代谢产生一些产物，反映出生物体的特征。在医学领域，细菌重要的合成代谢产物主要有以下几种。

1. 热原质

热原质，也被称作致热原，是一种由革兰氏阴性菌所制造的脂多糖，它被注入人类或其他哺乳类动物身体中时，会导致身体的温度升高，引起发热反应。

热原质耐高温，即使是在 121℃ 条件下进行 20 min 的高压蒸汽灭菌，也无法将其完全消除，250 ℃高温干烤才能使其破坏。可以采取蒸馏法或者使用吸附剂，将大部分热原质从输液制剂中彻底清除。为了确保安全，必须认真执行无菌操作，以避免使药物受到细菌及其热原质的污染。

2. 毒素与侵袭性酶类

细菌产生的毒素通常分为外毒素或内毒素。外毒素通常来自革兰氏阳性菌及部分革兰氏阴性菌，它们具有极强的毒性，且对组织器官有高度的选择性。内毒素是革兰氏阴性菌细胞壁的脂多糖成分，菌体死亡裂解后才释放到菌体外。在许多情况下，各种细菌内毒素的毒性大致相同。

一些细菌可以分泌具有侵袭性的酶类，例如卵磷脂酶、透明质酸酶等，这些酶可以破坏机体组织，从而促进细菌或毒素的侵入和扩散。此外，这些酶类也会对细菌的致病性产生重大影响。

3. 色素

当处于特殊的环境因素（营养丰富、温度适宜、氧气充足等）时，许多微生物会分泌出各种颜色的色素。细菌色素分两类：水溶性色素和脂溶性色素。前者会渗透进培养基和周围组织，例如铜绿假单胞菌产生的色素，会让培养基或感染的脓汁变成绿色；后者不溶于水，只存在于菌体，导致菌落的颜色发生改变，但是培养基的颜色保持稳定，如金黄色葡萄球菌产生的色素。

4. 抗生素

某些微生物在代谢过程中能够产生一类能抑制或杀死其他微生物或肿瘤细胞的物质，称为抗生素。抗生素主要由真菌和放线菌产生，由细菌产生的抗生素只有多黏菌素等少数几种。

5. 细菌素

某些细菌能够产生一类具有抗菌作用的蛋白质，称为细菌素。但其抗菌功效仅限于特定的菌株。由于其独特的作用，细菌素能够用于细菌的鉴别，因此对于流行病学的研究非常重要。

6. 维生素

有些细菌能合成一些维生素，除供菌体本身所需外，还能分泌到菌体外。

第三节　细菌遗传与变异

一、细菌遗传与变异的概念

细菌在繁殖过程中，子代和亲代之间的形态、结构、代谢规律等生物学性状具有相似性，此现象称为遗传性。遗传可使细菌的基本性状保持相对稳定，且代代相传，使其种属得以保存。当外界环境条件发生变化或细菌的遗传物质结构发生改变时，细菌原有的生物学性状会随之发生改变，此为变异性。变异可产生细菌的变种和新种，有利于细菌的生存。

细菌的遗传物质包括染色体和染色体外的其他遗传物质，主要由 DNA 构成，它们是细菌的核心。子代可以通过 DNA 精确复制亲代 DNA，即基因型。基因型可以在特定的环境中表达，产生不同的生物学性状，这些性状被称为表型。

根据细菌变异的机制，可将其划分为遗传型变异和非遗传型变异两种。遗传型变异是指细菌基因型发生变化，例如基因突变、基因转移、基因重组等。这种变异能稳定地遗传，且不可逆，受外界因素影响较小。当细菌的基因型没有发生显著的变化，但是在特定的环境条件影响下发生变异，被称为非遗传型变异，也被称为表型变异。这种变异不能被遗传，但是它会受到外界因素的影响，一旦外界因素被消除，它们就会恢复到原来的性状。研究细菌的遗传与变异，对于预防、诊断和治疗细菌感染性疾病至关重要。

二、常见的细菌变异现象

细菌的变异可以从多个角度来体现，包括形态、结构、生理特征、耐药性和毒力等。

（一）形态与结构变异

在适宜的环境中细菌形态相对稳定，但随着环境的变化，细菌的形态也会有所变化。当某些物质（例如青霉素、免疫血清、补体和溶菌酶）出现在细菌的生存环境中时，会导致细菌的细胞壁合成受阻，从而使它们产生细菌 L 型变异的特征。

一些微小的结构，如荚膜、芽孢和鞭毛，都可发生变异。①荚膜变异。有荚膜的细菌在普通培养基上多次传代后会逐渐失去荚膜，其毒力也会随之减弱。若再将其接种于易感动物体内或在含有血清的培养基上培养后则又重新产生荚膜，恢复毒力。②芽孢变异。某些可形成芽孢的细菌，体外培养时可失去形成芽孢的能力。③鞭毛变异。将有鞭毛的普通变形杆菌点种在琼脂培养基上，鞭毛的动力使细菌在平板上弥散生长，称迁徙现象，菌落形似薄膜，故称 H 菌落。若将此菌点种在含 1 g/L 苯酚琼脂的培养基上，细菌会失去鞭毛，只能在点种处形成不向外扩展的单个菌落，称为 O 菌落。通常将失去鞭毛的变异，称为 H-O 变异，此变异是可逆的。

（二）菌落变异

菌落的形态可以分为两种：光滑型（S 型）和粗糙型（R 型）。S 型菌落的表面是光洁、潮湿、边界整齐的。相反，R 型菌落的表面则是凹凸不平、干燥、边界不整齐的。两种形态之间的变异被称作 S-R 变异。发生变异时，菌落特征发生变化，而且细菌的毒力、生化反应性、抗原性等也随之发生变化。通常 S 型菌落致病性较强，但一些细菌（如结核分枝杆菌和炭疽芽孢杆菌等）的 R 型菌落会产生毒性，S 型菌落反而无毒性。通常来说，由 S 型变为 R 型较为容易，由 R 型变为 S 型比较困难。

（三）耐药性变异

细菌对某种抗菌药物的敏感性由敏感变为不敏感的变异现象，称为耐药性变异。耐药性变异发生的主要机制有：①产生药物灭活酶。耐药性细菌可产生多种钝化酶、水解酶等，来改变抗菌药物结构或破坏抗菌药物，使抗菌药物失活。②抗菌药物作用靶位的改变。细菌可改变抗菌药物的结合部位，从而导致药物不能与其作用靶位结合，也可阻断药物抑制细菌合成蛋白质的能力。③膜泵外排。细菌普遍存在着主动外排系统，它们能将细胞内的多种抗菌药物主动泵出细胞外。如果细菌的主动外排系统过度表达，使菌体内的药物浓度不足以发挥作用或改变药物的代谢途径，就会导致细菌耐药。④其他。如细胞膜的通透性下降，可降低抗菌药物渗透作用的效果。

细菌产生耐药性的机制十分复杂，即使面对同一类抗菌药物，不同细菌会根据自身的特征和需求而通过不同途径产生耐药性。

（四）毒力变异

细菌的毒力变异包括毒力的增强和减弱两种情况。例如，白喉棒状杆菌原本无毒力，不致病，当它携带 β- 棒状杆菌噬菌体后会变成溶原性细菌，则获得产生白喉毒素的能力，引起白喉。目前广泛用于预防结核病的卡介苗，是将强毒的牛分枝杆菌进行人工培养，利用连续传代获得的弱毒变异菌株制备而成，接种时它对人不致病，还可使人获得免疫力。

（五）酶活性变异

细菌需要借助酶进行新陈代谢，发生酶活性变异，对细菌的生长繁殖、生化反应等均会产生影响。细菌的酶活性发生变异，有的可遗传，有的不可遗传。如某些细菌暴露在紫外线或某些化学试剂中，其基因型会发生改变，以致代谢途径中的某种酶丧失，从而缺乏合成某些必需氨基酸和维生素的能力，这种变异称为营养缺陷型变异，常可遗传给后代。又如大肠埃希菌会根据培养基中是否存在乳糖，决定其是否产生 β- 半乳糖苷酶，以分解乳糖产生葡萄糖和半乳糖，这种变异与遗传物质无关，不能遗传给后代。

（六）抗原性变异

菌落、形态变异多伴有细菌的抗原性变异，尤其在志贺菌属和沙门菌属中更为普遍。沙门菌属的鞭毛抗原较易发生相的改变，即在Ⅰ相和Ⅱ相之间相互转变。菌体抗原也可以发生变化，如福氏志贺菌菌体抗原有 13 种，其中Ⅰa 型菌株的型抗原消失变为 Y 变种，Ⅱ型菌株的型抗原消失变为 X 变种。

三、细菌的遗传变异在医学上的应用

（一）在细菌学诊断方面的应用

细菌的生物学特征可能会发生变化，导致它们的形态、菌落、致病性、耐药性和抗原性等特征不一致，这使得临床细菌学检测和诊断变得更加困难。如果不能掌握细菌的变异规律，就容易导致误诊和漏诊。为了准确诊断，检测人员需要深入了解细菌的典型特征，并研究它们的变异规律和现象。临床分离的菌株往往由于变异而难以辨认，但是它们的遗传物质变化不大，因此可以通过对它们的 DNA 进行检测来鉴定细菌。

（二）在疫苗研制方面的应用

可以利用细菌变异创造出更好的新型抗菌药物，这些药物可以增强机体的抗感染能力，并且能够有效地阻止疾病的蔓延。这些药物不仅可以通过天然环境获得，还可以通过人为手段改进而获得。经过改进的活疫苗，其毒力大大降低，在接种后的副作用也很少，而且它的抗体特异性也没有改变。如卡介苗、炭疽疫苗等均发挥出优异的免疫效果。

（三）在抗菌药物选择方面的应用

近年来，耐药性细菌不断增加，因此，相关药物要想取得更好的疗效，就必须先进行药物敏感性测定，以确定最合适的抗菌药物。为了降低慢性疾病的药物耐药风险，建议采取联合药物治疗方案。同时，也应密切关注细菌的耐药情况，并进行相关的研究，这些信息可能会帮助临床更好地选择药物并预防耐药性细菌的传播。

（四）在基因工程中的应用

利用基因工程，我们可以根据需要选择不同的目的基因，在细菌中表达后供人类使用。基因工程在控制疾病、制造生物制剂和改造生物品系等方面发挥了重要。利用基因工程已开发出多种生物制剂，如胰岛素、干扰素等，被普遍应用到医疗领域。目前，应用基因工程使细菌产生病毒的抗原成分来制备新型疫苗也取得一定的进展。

第四节 细菌的感染与免疫

细菌的感染是指细菌侵入宿主体内生长繁殖并与宿主免疫系统相互作用，引起不同程度病理改变的过程。能造成宿主感染的细菌称为致病菌或病原菌，不能造成宿主感染的为非致病菌或非病原菌。抗感染免疫是指微生物侵入机体后，激发宿主免疫系统对入侵微生物的识别和排除的应答过程，即机体免疫防御功能。某些微生物可逃避宿主的免疫防御，持久地存在于机体内。因此，致病菌侵入宿主后与机体免疫系统的相互作用，决定感染的发生、发展与结局。

一、正常菌群与机会致病菌

（一）正常菌群

正常菌群是指存在于正常人体表及与外界相通的腔道黏膜表面的不同种类和数量的微生物群。一般情况下对人体有益无害。表 1-2 列出了人体各部位常见的正常菌群。

表 1-2　人体各部位常见的正常菌群

部位	常见的正常菌群
皮肤	表皮葡萄球菌、金黄色葡萄球菌、甲型和丙型溶血性链球菌、类白喉棒状杆菌、铜绿假单胞菌、丙酸杆菌、白假丝酵母菌、非致病性分枝杆菌
口腔	表皮葡萄球菌、甲型溶血性链球菌、乙型溶血性链球菌、丙型溶血性链球菌、肺炎链球菌、非致病性奈瑟菌、乳杆菌、类白喉棒状杆菌、放线菌、螺旋体、白假丝酵母菌、梭杆菌
鼻腔	表皮葡萄球菌、类白喉棒状杆菌、甲型和丙型溶血性链球菌
咽喉部	表皮葡萄球菌、甲型溶血性链球菌、乙型溶血性链球菌、丙型溶血性链球菌、肺炎链球菌、流感嗜血杆菌、非致病性奈瑟菌、肺炎支原体
外耳道	表皮葡萄球菌、类白喉棒状杆菌、铜绿假单胞菌、非致病性分枝杆菌
眼结膜	表皮葡萄球菌、干燥棒状杆菌、非致病性奈瑟菌
胃	乳杆菌、消化链球菌

部位	常见的正常菌群
肠道	大肠埃希菌、双歧杆菌、脆弱拟杆菌、产气肠杆菌、变形杆菌、铜绿假单胞菌、葡萄球菌、肠球菌、类杆菌、产气荚膜梭菌、破伤风梭菌、艰难梭菌、真杆菌属、乳杆菌、白假丝酵母菌
尿道	表皮葡萄球菌、粪肠球菌、类白喉棒状杆菌、非致病性分枝杆菌、解脲支原体、消化链球菌、甲型溶血性和丙型溶血性链球菌、耻垢分枝杆菌
阴道	嗜酸乳杆菌、消化链球菌、产黑色素普氏菌、阴道加德纳菌、脆弱拟杆菌、类白喉棒状杆菌、解脲支原体、白假丝酵母菌

当人类健康时，正常菌群会与宿主保持良好的关系，成为机体的一部分，并且能够协同工作，维持宿主内环境稳定。正常菌群的生理作用如下。

1. 生物拮抗作用

许多正常菌群可以稳固地黏附于宿主的皮肤黏膜，构建起一道有效的保护墙，抵抗外来的致病菌的攻击。作用机制如下：①竞争黏附。正常菌群的配体和特异性细胞表面的受体结合，进行有效的黏附，可形成生物屏障，从而阻止外来致病菌的进攻。②竞争营养。竞争性的营养摄入可以让正常菌群获得更多的营养，从而获得更多的繁殖机会，阻碍致病菌繁殖，从而阻碍了疾病的发生与传播。③产生对致病菌有害的代谢产物。如产酸降低环境 pH 值或降低氧化还原电势，使不耐酸的细菌和需氧菌生长受抑制，产生 H_2O_2 等杀伤其他细菌；某些正常菌群产生细菌素、抗生素，可抑制、杀灭敏感菌。

2. 营养作用

肠道内的正常菌群可以促进宿主的生理功能，转化合成宿主无法合成的营养，比如双歧杆菌、大肠埃希菌等，它们可以提供烟酸、叶酸、维生素 B 和维生素 K 等对人体有益的营养物质。

3. 免疫作用

正常菌群作为一种重要的抗原，可以帮助人体的免疫系统充分发挥作用。例如，双歧杆菌可以诱导产生分泌型免疫球蛋白 A（sIgA）和效应 T 细胞，来抵御具有共同抗原的致病菌，并防止它们在黏膜上定植。

4. 抗衰老作用

机体衰老与体内积累过多的氧自由基有关。正常菌群中双歧杆菌、乳杆菌和肠球菌可产生超氧化物歧化酶，催化歧化反应以清除氧自由基的细胞毒性作用，保护细胞免受损伤。

5. 抗肿瘤作用

正常菌群通过产生多种酶使致癌物或前致癌物转化成非致癌物，如硝化细菌催化亚硝酸胺使其降解为仲胺和亚硝酸盐。另外，正常菌群也可激活巨噬细胞等免疫细胞，使其抑制或杀死肿瘤细胞。

（二）机会致病菌

微生态平衡是指宿主体内的正常微生物群与宿主之间相互依赖、相互制约，并且达到动态平衡状态。这种平衡对于维持人类健康至关重要。当特定环境条件发生变化时，正常菌群和宿主之间的平衡就会受到破坏，某些正常菌群可能引发疾病，这些菌群称为机会致病菌。常见的情况如下。

1. 宿主免疫功能降低

患有慢性消耗性疾病［如恶性肿瘤、获得性免疫缺陷综合征（AIDS）和结核病等］，或长期大剂量使用糖皮质激素或免疫抑制剂，又或恶性肿瘤患者进行放射治疗或使用化疗药物，以及进行侵入性诊断和操作等，容易使患者的免疫系统受到损害，从而使其容易受到多种微生物包括正常菌群的侵害，进而使得病变的症状变得更为复杂，治疗变得更为困难。

2. 正常菌群的寄居部位改变

正常菌群在原定植部位不致病，当定植部位改变后可能致病。如大肠埃希菌在肠道通常不致病，但进入泌尿道、腹腔、血液等部位会分别引起尿路感染、腹膜炎和败血症。拔牙时正常定植在口腔的甲型溶血性链球菌可侵入血液引起菌血症，甚至可能黏附在心瓣膜并定植形成赘生物，导致亚急性细菌性心内膜炎。

3. 菌群失调

当正常菌群的微生物组成和比例出现显著的变化，就会产生菌群失调。轻者可自行恢复，重者可能导致疾病，称为菌群失调症或微生态失衡。这种情况往往是因为长期大量应用抗生素，导致正常菌群中大部分敏感菌被抑制或杀灭，而耐药菌或数量较少的菌群大量繁殖导致的。以金黄色葡萄球菌、某些革兰氏阴性杆菌（大肠埃希菌、铜绿假单胞菌）多见，临床常表现为假膜性小肠结肠炎、鹅口疮、肺炎、泌尿道感染或败血症等。因此，对长期服用抗生素的患者，应及时更换敏感抗生素，同时使用微生态制剂，以加快微生态平衡的恢复。

二、细菌的致病性

细菌引起机体感染致病的能力，称为细菌的致病性。细菌的致病性相对特定宿主而言，有些只对人类致病，如淋病奈瑟菌；有些只对动物致病，如猪巴氏杆菌；有些是对人和动物都可致病的人畜共患病原菌，如布鲁菌等。细菌侵入合适的宿主后能否致病就其自身而言取决于细菌的毒力，侵入数量，侵入部位，宿主的免疫力。

（一）细菌的毒力

细菌致病性的强弱程度称为毒力。毒力常用半数致死量或半数感染量表示，即：在规定时间内，通过合适的接种途径，能使一定体重或年龄的健康易感动物半数死亡或感染所需要的最小细菌数量或毒素剂量。不同细菌毒力不同，即使是同种细菌，也常因菌型、菌株的不同而有一定的差异。此外，细菌的毒力也随宿主不同而异。一种细菌在某种宿主体内是强致病性的，而在另一种宿主体内可能是弱致病性甚至是无致病性的。细菌的毒力不仅来源于它们的侵袭力和毒素，还可以将细菌结构和代谢产物作为抗原或超抗原，激发宿主的免疫反应，从而导致疾病的发生。

1. 侵袭力

细菌的侵袭力可以通过它们的表面结构和特殊的物质来实现，这些物质可以突破宿主的免疫系统进行侵入，并在宿主体内黏附、定植、繁殖和扩散。

（1）菌体表面结构

某种细菌会引起疾病，首先是它们能够黏附到宿主的细胞表面，以抵抗宿主呼吸道纤毛运动、肠蠕动、黏液分泌、尿液冲洗等清除作用，然后在局部定植和繁殖，释放有害物质；有的细菌甚至可能会通过血液和淋巴系统扩散，从而导致感染。

能够与宿主细胞黏附结合的细菌成分统称为细菌黏附素。细菌黏附素分为菌毛黏附素和非菌毛黏附素。前者主要是普通菌毛（是最重要的细菌黏附素），以革兰氏阴性菌多见；后者指除菌毛之外与黏附有关的结构，包括革兰氏阴性菌的外膜蛋白，革兰氏阳性菌表面的脂磷壁酸（LTA）以及各种致病菌的荚膜类物质（如荚膜、微荚膜等）。细菌黏附素作为配体，与宿主特定靶细胞上的相应受体特异性结合而黏附、定植。宿主的相应黏附素受体一般是靶细胞表面的糖蛋白或糖脂，有些是细胞外基质成分。

有多种方式（如静电吸收、阳离子桥联、配体和受体融合）可以使细菌紧紧地黏附于宿主细胞上，但以细菌黏附素与宿主相应受体结合最为重要。某些细菌可表达多种黏附素，黏附于不同细胞而致病，如大肠埃希菌表达多种黏附素可引起肠道、尿道、肺部等多部位的感染。如致腹泻的大肠埃希菌通过 I 型菌毛与肠黏膜上皮细胞的 D- 甘露糖结合引起腹泻；而尿道致病性大肠埃希菌借助 P 菌毛与尿道黏膜上皮细胞的 P 血型糖脂结合并黏附，引起尿道感染。

细菌还可通过形成细菌生物被膜来实现黏附定植。这些生物被膜借助特定的信号分子相互联系并协同工作，并在接触表面上形成一个覆盖层，由多糖蛋白复合物、纤维蛋白、脂蛋白等组成。这些膜可以使细菌在接触表面上大量聚集。细菌生物被膜结构致密，通透性和代谢率很低，并且能够抵抗大多数杀菌物质和免疫细胞，同时也能够抵抗抗生素的渗入。它们可以由单一或多个菌种组成，这使得它们更容易生存，也更容易产生耐药基因。植入性医疗器械（如人工瓣膜、人工关节、人工支架、气管导管等）的表面极易形成细菌生物被膜，可能会导致严重的感染性疾病。

（2）侵袭性物质

一些细菌可以分泌一种特殊的侵袭性物质，它们可以帮助细菌进入细胞内，并且可以抵抗吞噬作用，从而引发浅层或深层的感染。还有一些细菌可以通过黏膜细胞进入血液，从而实现血行播散。①有些细菌能产生促进细菌侵袭上皮细胞或向邻近细胞扩散的物质，称为侵袭素。②许多细菌会释放出具有侵袭性的酶，这些酶可以分解并损害宿主的组织和细胞，从而促进细菌的扩散。

（3）荚膜

细菌的荚膜、微荚膜以及类似结构也是细菌重要的抗吞噬结构。

2. 细菌毒素

细菌毒素是细菌在代谢过程中产生的对宿主具有毒性作用的成分。按其来源、性质和作用特点等不同，可分为外毒素和内毒素两种（表 1-3）。

表 1-3　外毒素与内毒素的主要区别

区别要点	外毒素	内毒素
来源	革兰氏阳性菌与部分革兰氏阴性菌	革兰氏阴性菌
释放方式	多由活菌分泌，少数由细菌死亡裂解后释出	为细胞壁组分，细菌死亡裂解后释出
化学成分	蛋白质	脂多糖
热稳定性	差，60 ~ 80 ℃，30 min 灭活	好，160 ℃，2 ~ 4 h 灭活

区别要点	外毒素	内毒素
毒性作用	强，对组织器官有选择性毒性效应，引起特殊临床症状	较弱，各菌的毒性效应大致相同，引起发热、白细胞增多、内毒素血症、休克、弥散性血管内凝血等
免疫原性	强，刺激机体产生抗毒素，甲醛液脱毒处理可制成类毒素	弱，刺激机体产生抗体作用弱，甲醛液脱毒处理不能制成类毒素
分子结构	结合亚单位和活性单位两部分组成	O- 特异性多糖、非特异核心多糖和脂质 A 三部分组成，主要毒性成分是脂质 A
编码基因	多由质粒、前噬菌体或染色体基因编码	由染色体基因编码

（1）外毒素

外毒素通常由革兰氏阳性菌和部分革兰氏阴性菌产生，它们会释放出有毒蛋白质或多肽类物质，而有些则会在细菌死亡裂解后释放。

外毒素的主要化学成分是蛋白质，对热、酸、碱、蛋白酶敏感，但葡萄球菌肠毒素可以在 100 ℃条件下，30 min 内保持稳定。

大多数外毒素的分子结构包括 A 和 B 两个亚单位。A 亚单位是其活性单位，决定毒性；B 亚单位与宿主靶细胞表面的特殊受体结合，即结合亚单位，无毒。任一外毒素亚单位单独对宿主无致病作用，完整的结构才是外毒素致病的必要条件。B 亚单位与靶细胞表面相应受体结合，引起相应的特殊病变和症状，使外毒素对机体组织器官表现出高度选择性。

外毒素的毒性作用强。1 mg 肉毒梭菌外毒素纯品能杀死 2 亿只小鼠，比氰化钾毒性大 1 万倍，是目前已知的化学和生物毒性最强的物质。

作为蛋白质，外毒素具有良好的免疫原性，能激发机体产生特异性中和抗体，即抗毒素抗体。外毒素经 0.3% ~ 0.4% 甲醛液处理一定时间可以脱去毒性，而保留免疫原性，成为人工预防相应外毒素性疾病的疫苗，即类毒素。类毒素注入机体后，可刺激机体产生具有中和外毒素作用的抗毒素抗体。

（2）内毒素

内毒素是革兰氏阴性菌细胞壁的脂多糖组分，细菌死亡裂解后释放出来，对机体表现出毒性作用。螺旋体、衣原体、支原体、立克次体亦有类似的脂多糖，有内毒素活性。

内毒素的性质非常稳定，只有在加热到 160 ℃持续 2 ~ 4 h，或者在强碱、强酸环境下加入强氧化剂，再加热煮沸 30 min，才能有效地将其灭活。这一特性表明，严格的无菌操作对于防止生物制品受到革兰氏阴性菌等的污染至关重要，因为即使杀死了细菌，其释放的内毒素仍然很难被完全清除。

内毒素的毒力通常很弱，而且没有明显的组织特异性，因此它们的致病能力大同小异。同时，内毒素免疫原性弱，刺激机体产生抗体的作用弱，且抗体中和作用弱，不具有保护性，不能用甲醛脱毒形成类毒素。脂质 A 是内毒素的毒性中心，所有革兰氏阴性菌脂质 A 的结构类似，所以不同细菌产生的内毒素致病作用相似，主要有以下几种。

发热反应。通过内毒素的影响，单核巨噬细胞会分泌出白介素 -1（IL-1）、白介素 -6（IL-6）以及肿瘤坏死因子 -α（TNF-α），这些因子作用于宿主下丘脑体温调节中枢，从而使得机体出现发热的症状。

白细胞数量变化。大量内毒素促使中性粒细胞黏附至组织毛细血管壁，使血液循环中的中性粒细胞数量骤减，待 1 ~ 2 h，脂多糖诱生的中性粒细胞释放因子刺激骨髓释放出大量中性粒细胞进入血液，使数量显著增加。

内毒素血症与内毒素休克。当革兰氏阴性菌释放大量内毒素入血，或使用的生物制品或输液药品中含有内毒素时，可导致内毒素血症。内毒素通过活化单核巨噬细胞、中性粒细胞、内皮细胞、血小板、补体等并大量诱生 IL-1、IL-6、白介素 -8（IL-8）、组胺、5- 羟色胺、前列腺素、激肽等多种生物活性介质，使小血管功能紊乱、微循环障碍、血压下降、组织器官血液灌注不足、缺氧、酸中毒。严重时发展为以高热、微循环衰竭和低血压为特征的内毒素休克或脓毒性休克，死亡率极高。

弥散性血管内凝血。弥散性血管内凝血指继发于革兰氏阴性菌内毒素血症，以小血管内广泛微血栓形成和凝血功能障碍为主要表现的综合征。内毒素可激活凝血因子，并刺激血小板聚集、释放介质，引起广泛性血管内凝血，大量凝血因子迅速消耗进而导致广泛性出血。

免疫调节及致炎作用。主要包括：①刺激巨噬细胞、自然杀伤细胞等产生 IL-1、IL-6、TNF-α 及趋化因子。②促进机体对特异抗原的体液免疫应答。③直接激活补体替代途径。④作为非胸腺依赖性抗原直接激活 B 细胞产生抗体。

3. 超抗原及免疫病理反应

一类特定的毒素，如葡萄球菌肠毒素、毒性休克综合征毒素 -1（TSST-1）和链球菌致热外毒素，会引起强烈的病理性免疫应答，从而引起某种特定的疾病。这些外毒素会刺激 T 细胞，并产生大量的 IL-1、白介素 -2（IL-2）、TNF-α、干扰素 -γ（IFN-γ），从而引起严重的炎性反应，可能导致食物中毒、毒素性休克综合征以及猩红热的发生。当人们受到某些细菌的侵袭时，会引起超敏反应，从而引起各种不同的健康问题。例如，链球菌的侵袭会引起 II 型和（或）III 型超敏反应，从而引起肾脏或心脏的损害；结核分枝杆菌激发 IV 型超敏反应引起结核病。

（二）细菌侵入的数量

细菌的致病性，除与细菌的毒力有关外，还需有足够的细菌数量。一般而言，细菌的毒力愈强，引起感染所需的菌量愈小，反之则需菌量愈大。以鼠疫耶尔森菌为例，即使只是几个细菌的侵袭，也能引发鼠疫；然而，某些沙门菌毒力极低，可能需要几亿个菌，才引起急性胃肠炎。当致病菌的毒力保持不变的时候，人体的免疫系统会影响人体对细菌感染性疾病的抵抗能力。如果人体的免疫系统功能很强，那么人体对细菌感染性疾病的抵抗能力就会很强，引起感染所需细菌数量较大；而如果人体的免疫系统很弱，那么人体对细菌感染性疾病的抵抗能力就会很弱，引起感染所需细菌数量较小。

（三）细菌侵入的门户

致病菌只有通过特定的侵入门户到达特定组织细胞才可能引起感染，否则即使有一定的毒力和足够的数量，仍不能引起感染。比如，痢疾志贺菌须经口传播；而脑膜炎奈瑟菌须经呼吸道侵入；破伤风梭菌的孢子须进入创伤深部，在厌氧环境中发芽、生长繁殖产生破伤风痉挛毒素才可引起破伤风。一些细菌具备多种传播渠道，例如结核分枝杆菌能够通过呼吸道、消化道、皮肤创伤等多途径进行传播，从而引发疾病。

三、宿主的抗感染免疫

人类拥有一套非常出色的自我保护系统，在抵挡外界疾病的过程中，各免疫器官、细胞和免疫分子间相互协助，相互制约，共同抵御细菌感染。细菌或其产物侵入人体后，首先接触机体固有免疫（天然免疫），机体产生固有免疫效应的同时启动适应性免疫（获得性免疫），以加强免疫功能，两者互相配合，共同发挥作用。

（一）固有免疫

固有免疫是生物在长期发育和进化过程中，逐渐形成的一种天然防御机制。固有免疫的物质基础主要包括机体的屏障结构、固有免疫细胞和固有免疫分子，它们被认为是人类抵抗疾病的第一道防线。

1. 屏障结构

（1）皮肤与黏膜屏障

健康、完整的皮肤和黏膜结构具有机械性阻挡和排除作用。完整的皮肤与黏膜层能阻挡致病菌的穿透，如呼吸道黏膜上皮细胞的纤毛运动、口腔的吞咽运动和肠蠕动等，可将停留在相应部位的致病菌排出体外。

皮肤和黏膜能分泌多种杀菌物质。例如皮肤汗腺可分泌乳酸，皮脂腺可分泌脂肪酸，黏膜细胞可分泌溶菌酶、胃酸、抗菌肽、蛋白酶等多种杀菌物质，是局部抵抗细菌感染的重要天然产物。

皮肤、黏膜部位寄居的正常菌群可通过竞争性黏附、争夺营养物质及产生抗菌物质等机制阻止某些致病菌的生长繁殖。

（2）血脑屏障

血脑屏障是一种重要的防御机制，它通过软脑膜、脉络丛、脑毛细血管以及星状胶质细胞的结合，防止致病菌通过血液侵害脑组织或脑脊液，维持脑部的健康。新生儿血脑屏障发育还不够完善，容易发生脑膜炎、脑炎等脑部感染性疾病。

（3）胎盘屏障

胎盘屏障由母体子宫内膜的基蜕膜和胎儿绒毛膜组成，能防止母体内的致病菌及其毒性代谢产物进入胎儿体内。妊娠 3 个月内，胎盘屏障尚未发育完善，若母体感染，致病菌有可能通过胎盘侵犯胎儿，造成胎儿畸形甚至死亡。

2. 固有免疫细胞

固有免疫细胞主要包括吞噬细胞、自然杀伤细胞、B-1 细胞、γδ T 细胞及自然杀伤 T 细胞等。

（1）吞噬细胞

吞噬细胞主要包括外周血中性粒细胞和单核吞噬细胞系统。中性粒细胞表达多种趋化因子受体、模式识别受体和调理性受体，胞质中含有髓过氧化物酶（MPO）杀菌系统；具有很强的趋化和吞噬能力，可迅速穿过血管内皮细胞到达感染部位，吞噬并杀伤致病菌；也可通过调理作用、抗体依赖性细胞介导的细胞毒作用（ADCC）发挥抗感染作用。单核吞噬细胞系统的细胞寿命较长，胞内富含溶酶体酶类物质，具有很强的吞噬杀伤和清除致病菌的能力。

当细菌侵入人体的皮肤或黏膜时，中性粒细胞会从毛细血管中脱离，聚集至受侵部位并将细菌杀灭。少数细菌会进入淋巴结，巨噬细胞会将这些细菌吞噬掉。极少数毒性较强的细菌会通过淋巴结进入血液或其他器官，相应的吞噬细胞会将细菌消灭。通常，吞噬和杀菌过程可以划分为以下三个步骤。

定向趋化：当细菌进入人体时，血液中的吞噬细胞与血管内皮细胞相应黏附分子结合，并穿过血管内皮细胞移行至感染部位。具有趋化作用的物质有 IL–8、TNF 等炎性细胞因子，致病菌的结构成分及代谢产物，补体活化片段 C3a 以及炎症组织细胞损伤所释放的物质等。

识别黏附：在感染早期，吞噬细胞可通过其细胞表面的模式识别受体识别致病菌表达的病原体相关分子模式（PAMP），或通过其表面的补体受体间接识别、结合有补体 C3b、C4b 及 iC3b（经甘露聚糖结合凝集素、替代途径活化产生）的致病菌。吞噬细胞也可通过其 IgG Fc 受体间接识别与致病菌特异结合的 IgG 抗体 Fc 段，从而捕获并吞噬致病菌。

吞噬消化：吞噬细胞识别并结合致病菌及其产物后，主要以吞入等方式摄入并在胞内形成吞噬体。吞噬体与溶酶体融合形成吞噬溶酶体，最终通过非依氧杀菌系统与依氧杀菌系统将其杀灭。抗体、细胞因子及脂多糖等可有效增强其吞噬杀伤效应。

吞噬细胞依氧杀菌系统包括反应性氧中间物和反应性氮中间物，前者包括超氧阴离子（O_2^-）、游离羟基（OH^-）、过氧化氢（H_2O_2）和单态氧（$^1O_2$）杀菌作用系统；后者包括一氧化氮（NO）、亚硝酸盐（NO_2^-）等，这些物质能直接杀伤致病菌。非依氧杀菌系统包括溶酶体内的溶菌酶及杀菌性蛋白，如防御素、乳铁蛋白、蛋白水解酶、核酸酶、酯酶和磷酸酶等，此外，细胞内乳酸累积形成特有的酸性环境不仅具有抑菌、杀菌作用，而且还有利于各种水解酶对致病菌进一步发挥消化降解作用。

致病菌被吞噬的结果会因细菌种类、毒力和人体免疫力的差异而有所不同，可以归纳为以下几种情况。

当细菌进入吞噬溶酶体，它们会被彻底杀灭和消化，这种过程称为完全吞噬。这种过程产生的氨基酸、糖类、脂质以及核酸会进入细胞质被重新利用，或随着细菌的死亡而被释出。

某些胞内寄生菌被吞噬后无法被完全杀灭，称为不完全吞噬。这种情况通常发生在免疫系统功能较弱的人群中，致病菌在吞噬细胞内生长繁殖，并随吞噬细胞游走而引起感染。

吞噬细胞在吞噬消化过程中可释放多种具有蛋白水解作用的溶酶体酶，如组织蛋白酶、胶原酶、弹性蛋白酶、磷脂酶及核苷酸酶等，这些酶也能破坏邻近正常组织细胞，造成病理损伤，称为组织损伤。同时，吞噬细胞也会分泌 IL–1、IL–6、TNF–α 等多种炎性细胞因子，促进炎症发生。

巨噬细胞将消化降解产物中的有效抗原决定簇处理、加工为抗原肽 – 主要组织相容性复合体（MHC）分子复合物，表达于细胞表面后递呈给 T 细胞，启动机体的适应性免疫应答，称为抗原递呈。

（2）自然杀伤细胞

这种细胞能够快速抑制被感染的细胞，而且它无须抗原致敏，也没有 MHC 限制，能够在感染早期就起到抑制作用。它的工作机制包括分泌细胞因子、ADCC 作用和释放穿孔素、颗粒酶等。

（3）其他固有免疫细胞

这类细胞主要有 B-1 细胞、γδ T 细胞及自然杀伤 T 细胞等，它们参与宿主早期皮肤黏膜非特异防御作用。B-1 细胞主要针对细菌荚膜多糖和脂多糖发挥防御作用，γδ T 细胞主要针对分枝杆菌等胞内寄生菌的产物应答，自然杀伤 T 细胞主要针对分化抗原 CD1 分子递呈的脂类和糖脂类抗原应答。

3. 固有免疫分子

（1）补体

补体是广泛存在于正常人和脊椎动物新鲜血清、组织液和细胞膜表面的一组经激活后具有酶活性的球蛋白。补体系统在感染早期通过甘露聚糖结合凝集素途径和旁路途径激活而发挥作用，在抗体形成后可由经典途径激活。补体主要作用有：①对靶细胞或受感染细胞的溶解破坏作用。②调理作用（C3b、C4b 及 iC3b）。③促炎作用（C3a、C5a 具有趋化功能，可吸引吞噬细胞到达炎症部位，促进炎症反应，增强抗感染能力）。

（2）溶菌酶

溶菌酶是一种重要的抗菌物质，其产生自吞噬细胞，广泛分布于血清、唾液、泪液、乳汁等各种体液和吞噬细胞溶酶体中。它可以裂解革兰氏阳性菌的肽聚糖，从而使细菌溶解。革兰氏阴性菌由脂多糖、脂蛋白等组成其外膜，使其无法被溶菌酶所破坏。若除去外膜，溶菌酶仍然可以破坏革兰氏阴性菌。

（3）抗菌肽

抗菌肽是一类富含碱性氨基酸的小分子多肽，种类很多，几乎各种组织细胞都能表达，具有广谱高效的抗菌活性，通过破坏细菌细胞膜、刺激致病菌产生自溶酶、干扰 DNA 和蛋白质合成等机制杀灭细菌。最主要的抗菌肽是防御素，主要抵抗胞外菌感染。

（4）炎性细胞因子

在致病菌及其代谢产物的诱导下，固有免疫细胞会分泌多种炎性细胞因子，发挥各种免疫效应，包括致热、促炎、趋化、启动适应性免疫等。如 IL-8 可趋化大量吞噬细胞；IL-1、IL-6、TNF-α 有致热作用；脂多糖和 IL-6 等诱导产生大量急性期蛋白，包括 C 反应蛋白（CRP）、脂多糖结合蛋白（LBP）、甘露聚糖结合凝集素和蛋白酶抑制剂等，快速大量激活补体，启动对致病菌的杀伤效应并加强炎症反应。

（二）适应性免疫

个体出生后，在生长发育过程中接触病原微生物及其代谢产物而建立起来的一系列免疫防御功能称为适应性免疫，也可经接种疫苗人工免疫而获得。适应性免疫建立在固有免疫基础上，包括体液免疫、细胞免疫和黏膜免疫。

1. 体液免疫

体液免疫是由 B 细胞介导、以特异抗体为效应物质的免疫反应。当宿主 B 细胞受致病菌和（或）其代谢产物刺激后，在 CD4$^+$Th2 细胞的辅助下，B 细胞活化、增殖、分化为浆细胞，由浆细胞合成和分泌抗体。体液免疫主要针对胞外菌及其毒素。

（1）抑制致病菌黏附

致病菌与易感细胞发生黏附后才会产生感染。在这种情况下，黏膜表面的 sIgA 起着至关重要的作用，它能够阻止致病菌和易感细胞之间的黏附，从而避免感染发生。

（2）调理作用

抗体和补体是人体内重要的免疫调节因子。吞噬细胞表面有 IgG 和 C3b 的受体。IgG 抗体通过 Fab 段与特定的致病菌结合后借助 Fc 段与吞噬细胞结合，从而促进细胞的免疫反应，增强对抗致病菌的能力。补体活化产物 C3b 与致病菌结合后也可借助其相应受体而发挥促吞噬作用。二者联合作用更强。

（3）中和作用

抗毒素能特异性阻断外毒素与靶细胞上相应受体的结合或封闭外毒素的毒性基团，从而发挥保护作用。由于抗毒素只能中和游离的外毒素，对已经结合到细胞表面的外毒素无作用，所以早期足量使用抗毒素才能有效防治外毒素引起的疾病。

（4）激活补体和 ADCC 效应

当 IgG 和 IgM 抗体与相应致病菌或被致病菌感染的靶细胞结合时，它们会激活补体，形成攻膜复合物溶解、破坏致病菌或被致病菌感染的靶细胞。此外，IgG 的 Fc 段也会与自然杀伤细胞、巨噬细胞及中性粒细胞的 FcγR 融合，从而促进 ADCC，裂解杀伤被致病菌感染的靶细胞。

2. 细胞免疫

细胞免疫是一种特殊的免疫反应，它通过 T 细胞的活化、增殖和分化来抵御外界的细菌感染。这些细胞主要包括 Th1 细胞和细胞毒性 T 细胞，它们能够有效地抵抗胞内寄生菌的感染。

（1）Th1 细胞

Th1 细胞能够产生多种细胞因子，如 IL-2、IFN-γ、TNF-α，趋化、活化单核细胞向炎症部位浸润，从而提高对致病菌的杀伤清除率。此外，这些细胞因子还能够刺激细胞毒性 T 细胞（CTL）的生长，加速其分化、成熟。通过细胞因子的调节，自然杀伤细胞能够迅速到达感染部位并增强杀伤能力。

（2）细胞毒性 T 细胞

细胞毒性 T 细胞可以有效地抑制和消灭致病菌或被致病菌感染的靶细胞，它可以与被感染的靶细胞结合后释放穿孔素、肿瘤坏死因子 -β（TNF-β）等导致靶细胞溶解，或通过颗粒酶、Fas 配体诱导靶细胞凋亡。细胞毒性 T 细胞也可产生 IFN-γ、TNF-α 等各种细胞因子，发挥抗感染作用。

3. 黏膜免疫

黏膜是致病菌入侵的主要门户。广泛分布在黏膜下的淋巴组织以及某些器官化的淋巴组织（如扁桃体、小肠派尔集合淋巴结和阑尾）构成机体黏膜免疫系统（MIS），发挥重要的局部防御作用。位于黏膜上皮细胞中的 M 细胞是启动黏膜免疫应答的关键细胞。M 细胞可捕获抗原或转运抗原，摄取入侵的致病菌并移交给抗原递呈细胞进行抗原加工递呈，然后活化 T 细胞、B 细胞，产生特异性抗体，其中主要是 sIgA 发挥作用。黏膜免疫系统还可通过吞噬细胞、T 细胞发挥免疫功能，也可诱导全身免疫应答。

（三）抗细菌感染的免疫特点

1. 抗胞外菌感染的免疫特点

胞外菌寄居在宿主细胞外的血液、淋巴液、组织液等体液中。大多数对人类致病的细菌属于胞外菌，如化脓性球菌、厌氧芽孢梭菌及多种革兰氏阴性杆菌。胞外菌主要通过产生内毒素、外毒素及多种毒性物质致病。针对胞外菌感染的免疫，固有免疫主要依靠吞噬细胞，适应性免疫主要依靠黏膜免疫和体液免疫的特异性保护机制。特异的 IgG、IgM 和 sIgA 抗体可中和细菌的感染性，并通过调理吞噬和激活补体作用，最终依赖吞噬细胞、补体等彻底清除致病菌。此外，$CD4^+Th2$ 细胞除辅助 B 细胞对 T 细胞依赖性抗原（TD-Ag）产生抗体外，尚能产生多种细胞因子，趋化和激活巨噬细胞、中性粒细胞的吞噬杀菌作用，并促进局部炎症反应，以阻止致病菌从感染部位扩散。有些胞外菌的结构成分所激发的抗体可能引发Ⅱ型或Ⅲ型超敏反应，造成组织损伤而致病，如感染乙型溶血性链球菌后，由于链球菌与肾小球基底膜具有共同抗原的交叉反应，以及免疫复合物在肾小球基底膜沉积后会引发免疫损伤，可导致肾小球肾炎的发生。

2. 抗胞内菌感染的免疫特点

胞内菌分兼性和专性。兼性胞内菌包括结核分枝杆菌、布鲁氏菌、伤寒沙门菌、军团菌等。专性胞内菌包括立克次体、衣原体等。胞内菌感染的特点是胞内寄生、低毒性、长潜伏期、发病和病程缓慢，主要通过病理性免疫损伤而致病，常引起组织肉芽肿形成。

抗胞内菌感染主要依靠细胞免疫的特异性保护机制，即 $CD4^+Th1$ 细胞和 $CD8^+$细胞毒性T 细胞的免疫应答。$CD4^+Th1$ 细胞产生的众多细胞因子可激活巨噬细胞，激发Ⅳ型超敏反应以清除胞内菌。$CD8^+$细胞毒性 T 细胞通过释放穿孔素和颗粒酶等机制破坏胞内菌寄生的细胞，使致病菌释放，再由抗体等调理后被巨噬细胞吞噬、杀灭，最终从体内清除。抗体可以在细菌进入细胞之前，封闭和阻断细菌侵入，另外，还可以阻断细菌在细胞间的扩散。

第二章 细菌学检验的基本方法与技术

第一节 细菌形态学检查

一、显微镜

显微镜通过一个或几个透镜的联动，将微小的物体放大到人眼可见的程度，它可以帮助我们更好地研究细胞的形状、结构。显微镜分电子显微镜和光学显微镜。

电子显微镜，也被称为电镜，是一种利用电子技术揭示物体内部或表面结构的显微镜，可用于细胞、微生物等表面或内部结构的观察。它被广泛地运用到各个学科，如医学、微生物学、细菌学、肿瘤学，并且根据不同的结构分成透射式、扫描式、反射式以及发射式四种。

光学显微镜通常由光学部分、照明部分和机械部分组成。目前光学显微镜的种类很多，主要有普通光学显微镜、暗视野显微镜、荧光显微镜、相差显微镜、倒置显微镜、激光扫描共聚焦显微镜、偏光显微镜以及微分干涉相差显微镜等。下面详细介绍几种光学显微镜。

（一）普通光学显微镜

普通光学显微镜主要用于细菌菌体染色性、形态、大小以及细胞形态学、寄生虫等的观察。其基本结构主要分为机械和光学两部分。普通光学显微镜的使用如下。

1. 取镜和放置

一般右手紧握镜臂，左手托住镜座，将显微镜放在实验台上，距离实验台边缘 5～10 cm，以使用者感到舒适为宜。

2. 光线调整

低倍镜对准通光孔，打开并调节光栅，根据需要调整至适宜的光线强度。

3. 放置标本

将制备好的载玻片放在载物台上，并用弹簧卡住载玻片，然后调整至最佳位置。

4. 调节焦距

通过粗准焦螺旋调节来获得物体图像，然后通过细准焦螺旋调节来使图像清晰。

5. 物镜的使用

先从低倍镜开始，将位置固定好后，放置载玻片，然后调节亮度、焦距至成像清晰。显微镜设计一般是共焦点，使用高倍镜时，只需要调节光线强度和焦距即可呈现清晰的图像。观察细菌一般使用油镜，从低倍镜、高倍镜到油镜依次转动物镜，点少许香柏油至载玻片，先将油镜浸入香柏油中并轻轻接触载玻片（不要压破载玻片），然后慢慢调节粗、细准焦螺旋升起油镜，直至观察到清晰的物像为止。

（二）暗视野显微镜

暗视野显微镜主要用于未染色的活体标本的观察，如观察未染色活螺旋体的形态和动力等。与普通光学显微镜结构相似，不同之处在于它以暗视野聚光器取代明视野聚光器。该聚光器的中央为不透明的黑色遮光板，使照明光线不能直接上升进入物镜内，只有被标本反射或散射的光线才能进入物镜，因此，视野背景暗而物体的边缘亮。

（三）荧光显微镜

通过使用荧光显微镜，我们可以完成组织细胞学、微生物学、免疫学、寄生虫学、病理学和自身免疫疾病等的诊断。

（四）相差显微镜

相差显微镜可以观察到透明标本的细节，适用于观察活体细胞的生长、运动、增殖情况，以及细微结构。相差显微镜常用于微生物学、细胞和组织培养、细胞工程、杂交瘤技术和细胞生物学等现代生物学方面的研究。

（五）倒置显微镜

通过使用倒置显微镜，我们能够更加精确地对微生物、细胞和组织、悬浮体、沉淀物等进行观察，可以连续观察细胞、细菌等在培养液中繁殖分裂的过程。倒置显微镜在微生物学、细胞学、寄生虫学、免疫学、遗传工程学等领域同样应用广泛。倒置显微镜的结构与普通光学显微镜类似，均由机械和光学两部分组成，但某些部件安装位置有所不同，如目镜与照明系统颠倒，前者在载物台之下，后者在载物台之上。

二、不染色标本的检查

通过形态学检查，我们可以更准确地了解和辨认细菌。由于这些细菌的尺寸很小，因此我们必须使用显微镜将它们放大约 1 000 倍。细菌无色、透明，直接镜检只能观察到细菌的动力情况，而对细菌的形态、大小、排列方式、染色特性以及特殊结构进行观察，需要经过一定染色操作后才可进行。常见的不染色标本的检查方法如下。

（一）悬滴法

取洁净的凹形载玻片及盖玻片各一张，在凹孔四周的平面上涂布一层薄薄的凡士林，用接种环挑取细菌培养液或细菌生理盐水悬液 1 ~ 2 环放置于盖玻片中央，将凹形载玻片的凹面向下对准盖玻片上的液滴轻轻按压，然后迅速翻转盖玻片和载玻片，将两者四周轻轻压实，使凡士林密封，以免菌液挥发，然后置于镜下观察。先用低倍镜调成暗光，调节焦距后以高倍镜观察，不可压破盖玻片。有动力的细菌可见其从一处移到另一处，无动力的细菌呈布朗运动而无位置的改变。螺旋体由于菌体纤细、透明，需用暗视野显微镜或相差显微镜观察其动力。

（二）湿片法

湿片法又称压片法。用接种环挑取菌悬液或培养物 2 环，置于洁净载玻片中央，轻轻压上盖玻片，于油镜下观察。制片时注意菌液应适量，以防外溢，并避免产生气泡。

（三）毛细管法

毛细管法主要用于检查厌氧菌的动力。先将待检菌接种在适宜的液体培养基中，经厌氧培养过夜后，以毛细管（长 60 ~ 70 mm，直径 0.5 ~ 1.0 mm）吸取培养物，菌液进入毛细管后用火焰密封毛细管两端。将毛细管固定在载玻片上，然后镜检。

三、染色标本的检查

经染色技术处理的细菌标本，具备了显著的形态、大小、排列方式、染色特性等特征，能观察到荚膜、鞭毛、芽孢、异染颗粒等结构，这些都为细菌的准确鉴定和诊断提供了重要的依据。此外，染色技术也为细菌分类提供了重要的参考。通过革兰氏染色，可以将细菌分成革兰氏阳性菌和革兰氏阴性菌。由于革兰氏阳性菌的等电点为 2 ~ 5，它们通常具有负电荷，因此极易被具有正电荷的碱性染料（例如亚甲蓝、碱性复红、沙黄、结晶紫）染色。

（一）染色的基本步骤

1. 涂片

从肉汤增菌液、半固体斜面或平板上挑取菌液（或菌苔、菌落），滴加一小滴菌液（或取菌苔、菌落）于洁净载玻片上，轻轻涂布散开。标本可直接涂于载玻片上，有的标本或培养液在载玻片上不易附着，可用少量无菌血清或蛋白溶液一起涂片。涂片时动作应轻柔，动作过大会改变细菌的排列形式或导致细菌鞭毛脱落。

2. 干燥

制备好的涂片应在室温下自然干燥。

3. 固定

涂片晾干后在酒精灯火焰上快速通过 3 次以加热固定（温度不可过高）。此操作的目的一是杀死细菌，二是使染料易于着色，三是使细菌附着于玻片上不易被水冲掉。需注意的是，加热固定的温度过高可使细菌蛋白变性、焦糊，影响细菌蛋白结合染料的能力，甚至改变细菌染色特性。

4. 染色

染色液通常是水溶性的，一般选择低浓度的染色液（小于 10 g/L）。染色有两种：单独染色和复合染色。为了让染料更容易与细菌结合，可以在染色液中添加酚、明矾、碘液等，以达到媒染的效果，或者将染色液加热以促进着色。

5. 脱色

常见脱色剂有醇类、丙酮和氯仿等。酸类脱色剂可以用来处理碱性染料，碱类脱色剂也可用来处理酸性染料。乙醇是最常见的脱色剂，可以将70%的乙醇与无机酸混合，作为抗酸染色的脱色剂，而95%的乙醇则被广泛应用于革兰氏染色。

6. 复染

复染，也被称为对比染色，有反衬作用，它能够使脱色后的细菌重新被染上一种新的颜色，与原来的颜色形成鲜明的对比。

7. 冲洗、晾干

将标本上残余的染料用水冲洗干净并将标本晾干。

（二）革兰氏染色法

革兰氏染色法操作步骤如下：①初染，使用结晶紫作为第一种染料，染色 1 min，然后冲洗。②媒染，使用碘液作为媒染剂，染色 1 min，然后冲洗。③脱色，使用 95% 乙醇作为脱色剂，脱色 10～30 s，然后冲洗。④复染，经过复染剂（稀释石炭酸复红或沙黄）染色 30 s，冲洗后自然干燥。完成以上步骤后进行显微镜检查。

经过显微镜检查，革兰氏阳性菌呈现出紫色，而革兰氏阴性菌则显示出红色。

注意：染色时，应采用既有的菌种，例如金黄色葡萄球菌和大肠埃希菌，来进行对比实验。此外，染色时要控制好涂层的厚度，保持适当的温度，且脱色不宜过度，以免影响检测结果。

（三）抗酸染色法

抗酸染色法是一种常见的检测结核分枝杆菌和其他抗酸性细菌的方法。常用方法主要有以下 2 种。

1. 萋 – 尼染色法

操作步骤：①涂片干燥、加热固定后滴加 2～3 滴石炭酸复红液，用火焰微微加热至出现蒸汽，维持至少 5 min（可补充染色液，勿使其蒸发变干），然后冲洗。②用盐酸乙醇脱色约 1 min，至涂片无色或淡红色为止，冲洗。③滴加亚甲蓝复染剂复染 1 min，冲洗，自然干燥后镜检。

结果：抗酸性细菌显示为红色，而其他细菌则呈现出蓝色。

2. 金永染色法

操作步骤：①制作标本涂片，自然干燥。②滴加石炭酸复红液染色 5～10 min，不需要加热，然后冲洗。③滴加盐酸乙醇，直到涂片变成无色为止，再冲洗。④滴加亚甲蓝复染剂，再次染色 30 s，冲洗，待干燥后进行显微镜检查。

结果：抗酸性细菌呈现出红色，而其余的微生物则呈现出蓝色。

（四）鞭毛染色法

操作步骤：①将细菌在肉汤培养基中传代 6～7 次。在斜面培养基中加入肉汤培养基 2 mL，将传代的肉汤培养物接种于斜面培养基与肉汤培养基交界处，置于 35 ℃（变形杆菌则为 22～25 ℃）孵箱孵育 7～16 h。②用接种环自交界处挑取一环菌液，轻轻放在盛有 3～4 mL 无菌蒸馏水的小碟表面，使细菌自由分散，浮在小碟表面，于孵箱静置 4～5 min。③从该菌液内取出一环菌液，置于洁净的玻片上，于 37 ℃孵箱内自行干燥，注意不能用火焰固定。④滴加鞭毛染色液染色 10～15 min，轻轻冲洗，自然干燥后镜检。⑤镜检从边缘开始，逐渐移至中心，细菌分布少的地方容易观察到鞭毛，细菌密集的地方鞭毛被菌体挡住，不易观察。

结果：菌体和鞭毛均被染成红色。

（五）异染颗粒染色法

操作步骤：①初染，在已固定的涂片上滴加染色液（甲苯胺蓝和孔雀绿的乙醇溶液），染色 3～5 min，冲洗。②复染，用碘化钾溶液染色 1 min，冲洗。自然干燥后镜检。

结果：菌体呈现出绿色，而异染颗粒则是蓝黑色的。

注意：玻片必须保持高度清洁，染色液必须是新配制的，且没有沉淀物。

（六）芽孢染色

操作步骤：①细菌涂片自然干燥后火焰固定。②滴加石炭酸复红液于玻片上，并用微火加热，使染色液出现蒸汽约 5 min，冷却后冲洗。③用 95% 乙醇脱色 2 min，冲洗。④碱性亚甲蓝复染 0.5 min，冲洗，干燥后镜检。

结果：芽孢变成红色，而芽孢囊和菌体则变成蓝色。

第二节　细菌的分离培养技术

一、培养基的制备

培养基制备的基本过程包括以下几个方面的内容。

（一）配制、溶解

将适当的蒸馏水添加到容器中，根据培养基的配比，将不同的原材料逐次添加至容器中，直到所有原材料完全溶解。如果是蛋白胨、肉膏等，则需先加热，加热时产生的水蒸气应在全部原材料溶解后补足。在配制固态培养基时，应该首先把预备好的上述液体培养基煮沸，然后倒入称量好的琼脂，经过一段时间的加热，将它们彻底溶解，同时要经常搅动，避免琼脂煳底或被烧焦。

（二）调节 pH 值

使用 pH 试纸（或 pH 电位计、pH 比色计）来检测培养基的 pH 值，若发现偏离预期，则应使用 10% Na_3CO_3 或 10% NaOH 来调节，以确保达到所指定的 pH 值。

（三）过滤

使用适当的材料，如滤纸、纱布和棉花，趁热对预先准备的培养基进行过滤。使用纱布过滤时，最好折叠成六层，用滤纸过滤时，可将滤纸折叠成瓦棱形，铺在漏斗上过滤。

（四）分装

经过过滤的培养基需要按照不同的用途进行分类。若需要制作斜面培养基，需将培养基分装于试管；若需要制作平板培养基或液体、半固体培养基，就需要将培养基放置在锥形瓶里。

（五）加棉塞

完成分装后，为了有效地过滤空气，防止污染，应当在管口或瓶口塞入棉塞，并将试管和锥形瓶封口，盖上厚纸，再用绳索捆扎，最后经过高压蒸汽灭菌处理。

二、细菌的接种方法

（一）平板划线法

平板划线接种是细菌分离培养的基本技术。划线的目的是使标本中混合的多种细菌分散生长，形成单个菌落，为下一步细菌的鉴定做准备。平板划线法有以下几种。

1. 连续划线法

该方法主要用于细菌含量较少的标本，如尿液等。划线时的起始点在平板的 1/5 处，边缘应留有 5 mm 的空白，以防污染物进入分离区。接种环灭菌后连续不断地呈密集的"Z"形划线，直至划满平板。

2. 分区划线法

这项技术针对具有大量细菌的标本，如粪便、脓液、痰液标本的分离培养。首先，对标本进行第一区的划线，然后按顺序进行第二、三、四区的划线，每区划线完毕均给接种环灭菌。如此操作可以逐渐降低标本中的细菌数，以便分离出单个细菌。

3. 棋盘划线法

该方法适用于具有重要意义细菌的标本的分离培养，标本划线时的起始点在平板的 1/5 处，先在水平方向划线 6 ~ 8 条，然后在垂直方向划线 6 ~ 8 条，使其呈方格状，形似棋盘。

（二）倾注接种法

这种方法通常被用来测定液态标本中的微生物总数。首先，使用无菌的生理盐水对标本进行适当的稀释，然后从中抽出 1 mL 标本，加入 15 mL 经过预热的培养基，搅拌均匀，冷却凝固后，倒置放入 35 ~ 37 ℃的培养箱培养。经过 24 h 的培养，测定培养基表面的微生物数，乘以稀释倍数，估算标本的微生物总数。

（三）穿刺接种法

此法用于保存菌种、观察细菌动力及某些生化反应。用接种针挑取细菌纯培养物，在半固体培养基中央垂直向下穿刺至培养基底部上方 5 mm 左右处，然后沿原穿刺线小心拔出接种针。

（四）液体接种法

用无菌接种环挑取菌落或标本，倾斜液体培养管，在试管内壁与液面交界处轻轻研磨并蘸取少许液体与之调和，使细菌混匀于液体培养基内。

（五）斜面接种法

此法主要用于鉴定细菌、保存菌种、观察细菌动力及某些生化反应。左手握住菌种管和斜面培养基，右手持接种针，拔出两管的棉塞，管口通过火焰灭菌。用接种针挑取菌落，从斜面培养基底部自下而上划一条直线，然后在斜面上自下而上蜿蜒划线，最后用火焰灭菌管口，塞上棉塞，将斜面培养基放入 35 ~ 37 ℃的孵箱孵育。

（六）涂布接种法

目前该法主要用于纸片扩散法药敏试验时的细菌接种。用无菌棉拭子蘸取一定浓度的菌液，在平板上反复涂抹均匀，尽可能使细菌均匀分布于琼脂表面，稍晾干后放置药敏纸片培养。

三、细菌的培养方法

（一）需氧培养法

需氧培养法又称普通培养法，是在普通有氧环境下培养需氧菌或兼性厌氧菌的方法，是目前微生物学研究中使用频率较高的培养技术。它使用特定的培养基，例如血琼脂平板、巧克力色琼脂、斜面琼脂，并将标本放在 35 ~ 37 ℃的孵箱内孵育 18 ~ 24 h。这些培养基可以提供标本生长所必需的条件，从而使标本能够得到良好的培育。

（二）CO_2 培养法

CO_2 培养法是许多细菌的理想培养方法，可以促进它们的繁殖和发育，因此，临床标本培养除特殊要求外，将其置于 CO_2 的环境中培养是更合理的选择。如肺炎链球菌、脑膜炎奈瑟菌、淋病奈瑟菌、嗜血杆菌、布鲁氏菌和军团菌，它们的初始培养环境需要的 CO_2 含量为 5% ~ 10%。常用的方法如下。

1. CO_2 培养箱法

利用 CO_2 培养箱，可以实时监测 CO_2 的含量，并且可以根据需要调整箱体的湿度和温度，同时还可以根据需要选择不同的加热方式，或调整箱体的尺寸，从而达到最佳的培养效果。

2. 烛缸法

将接种好的培养基放入烛缸，缸口磨砂面涂以适量的凡士林，缸内靠近中心位置处放入点燃的蜡烛，加密封盖。因蜡烛燃烧时消耗 O_2、产生 CO_2，约 1 min 蜡烛将自行熄灭，此时 CO_2 浓度为 5% ~ 10%。最后将烛缸放入 35 ~ 37 ℃培养箱中培养即可。

3. 化学法

化学法常用碳酸氢钠 – 盐酸法。按照每升容积碳酸氢钠 0.4 g 与盐酸 3.5 mL 的比例加入原料，分别置于容器内，与接种好的培养基一起放入干燥器，盖紧干燥器盖后慢慢倾斜容器，使盐酸与碳酸氢钠接触发生化学反应产生 CO_2，然后将干燥器放入 35 ~ 37 ℃培养箱中即可。

（三）微需氧培养法

有些微需氧菌，如空肠弯曲菌，需要在含有 5% ~ 6%O_2、5% ~ 10% CO_2、85%左右 N_2 的环境中才能生长。三气培养箱是一种理想的微需氧菌培养设备。

（四）厌氧培养法

1. 庖肉培养基法

庖肉培养基中添加的肉渣含有不饱和脂肪酸和巯基，这些物质可吸收培养基中的 O_2，为厌氧微生物提供一个有利的环境。培养时，首先将庖肉培养基在水浴中煮沸 10 min，冷却后将标本接种于庖肉培养基内，然后在培养基表层涂上一层无菌凡士林和石蜡隔绝空气，以维持良好的厌氧环境，最后将培养基在 37 ℃环境下放置 24 ~ 48 h，以观测厌氧菌的生长状态。

2. 焦性没食子酸法

当焦性没食子酸被添加到碱性溶剂中时能迅速而大量地吸收 O_2，并生成深棕色的焦性没食子酸，这种物质可以在任何密闭容器中被用来构建一个良好的厌氧环境。

3. 厌氧缸法

在密封缸内放置冷触媒钯粒 10 ~ 20 颗、煮沸去氧的亚甲蓝指示剂 1 管，将标本接种于厌氧琼脂平板上放置于密封缸内。用真空泵抽出缸内空气，充入 N_2，反复 2 ~ 3 次，再充入含 85% N_2、10% CO_2、5% H_2 的混合气体。于 37 ℃环境下孵育 24 ~ 48 h，观察厌氧菌生长情况。

4. 厌氧培养箱法

厌氧培养箱内装有真空表、真空泵、温控器、指示灯、气阀等，并外接不含 O_2 的气瓶。培养时将标本接种于培养基后放入厌氧培养箱内，启动仪器形成厌氧环境。

四、细菌的生长现象

（一）细菌在固体培养基上的生长现象

1. 菌落特征

通过观察菌落的特征，以确定对该菌如何进一步鉴别。菌落的各种特征包括大小、形状、突起、边缘、颜色、光泽度、硬度、表面、透明度和黏度等。

2. 血琼脂平板上的溶血现象

α 溶血：菌落周围血培养基变为草绿色环状，红细胞外形则保持完好。

β 溶血：红细胞溶解在菌落周围，形成一个完全透明、清晰的环。

γ 溶血：菌落周围的培养基没有变化，红细胞完好无损，没有出现任何溶血现象。

双环：菌落周围完全溶血的环外有一个部分溶血的环。

3. 气味

通过分辨某些细菌在平板培养基上代谢活动产生的气味，结合其在液体培养基上的性状，可以帮助我们更准确地识别细菌。从微生物生物安全角度出发，建议不要直接用鼻子闻培养基上的菌落产生的气味。

（二）细菌在液体培养基中的生长现象

观察混浊度（混浊、中等微混、透明）、有无沉淀（粉状、颗粒状、絮状）、有无菌膜（膜状、环状、皱状），以及气味和色素等。大多数细菌在液体培养基中生长繁殖后呈现均匀混浊，少数呈链状排列的细菌呈沉淀生长，专性需氧菌一般呈表面生长，常形成菌膜。

（三）细菌在半固体培养基中的生长现象

半固体培养基用于观察细菌的动力。有动力的细菌除了在穿刺接种的穿刺线上生长外，在穿刺线的周围可见有混浊或细菌生长的小菌落。

五、人工培养细菌的用途

（一）在医学中的应用

细菌培养对疾病的预防、诊断、治疗和科学研究等多方面都具有重要的作用。

1. 感染性疾病的病原学诊断与治疗

通过对受检标本的细菌进行分离培养、鉴别及药物敏感性检测，能够获得可靠的感染性疾病的诊断依据，从而为临床提供有效的抗菌药物使用建议。

2. 细菌学研究

利用人工培养对细菌的生理、遗传、变异、免疫性和耐药性进行深入探索，可以为我们提供有关细菌的新的信息，这也成为了探索未知细菌的关键步骤。

3. 生物制品的制备

目前利用人工培养的细菌已经生产了多种疫苗和药品,这些疫苗和药品不仅能够提高人们的免疫力,还能够有效地控制或消灭各种传染性疾病,它们被广泛应用于各种医疗领域。

4. 基因工程的研究

由于细菌有繁殖快速、容易培育的优势,大多数基因工程的研究都是从它们身上开始的。例如,将带有外源性基因的重组 DNA 转化给受体菌,使其在菌体内获得表达,利用这种方式已成功制备出胰岛素、干扰素、乙型肝炎疫苗等生物制剂。

(二)在工农业生产中的应用

通过对细菌的培养,我们能够制作出多种不同的产品,包括抗生素、维生素、氨基酸、有机溶剂,甚至酒、酱油、味精等各种产品。此外,细菌培养物也被广泛应用于处理废水和垃圾、制造菌肥和农药以及生产酶制剂等方面。

第三节 细菌的生化鉴定技术

一、碳水化合物代谢试验

(一)糖(醇、苷)类发酵试验

1. 原理

研究表明,不同细菌能够发酵不同的糖(醇、苷),因为不同细菌具备发酵特定的糖(醇、苷)类的酶,它们分解糖(醇、苷)的能力和所产生的代谢产物都会因细菌的不同而不同。观察细菌能否分解各类单糖(葡萄糖等)、双糖(乳糖等)、多糖(淀粉等)、醇类(甘露醇)、糖苷(水杨苷等),可观察其是否产酸或产气。

2. 方法

将纯培养的细菌接种到各种糖(醇、苷)类培养管中,放置于一定条件下孵育后取出,观察结果。

3. 结果判断

若细菌能分解某种糖(醇、苷)类产酸,则指示剂会呈酸性变化;不能分解此种糖(醇、苷)类,则培养基无变化。若产气,液体培养基中倒置的小管内会出现气泡,半固体培养基内会出现气泡或裂隙。

4. 注意事项

在进行糖(醇、苷)发酵时,需要确保所用的培养基中没有其他的糖(醇、苷)类或硝酸盐,这样才能避免出现假阳性的情况,因为一些细菌会通过还原硝酸盐产生气体,从而干扰观测结果。

（二）氧化 - 发酵试验

1. 原理

氧化 - 发酵（O-F）试验，即观察细菌在葡萄糖分解过程中是利用分子氧（氧化型）还是无氧降解（发酵型），或是不分解葡萄糖（产碱型）。

2. 方法

从平板上或斜面上挑取少量细菌，同时穿刺接种于 2 个 Hugh-Leifson 培养基，其中 1 个滴加无菌液体石蜡覆盖至培养基以上 0.3 ~ 0.5 cm，经 37 ℃环境下培养 48 h 后，观察结果。

3. 结果判断

仅开放培养基产酸为氧化型，两个培养基都产酸为发酵型，两个均不变为产碱型。

4. 注意事项

如果发现某种细菌无法在 Hugh-Leifson 培养基上繁殖，那么就需要将 2% 的血清或 0.1% 的酵母浸膏添加到培养基中，然后重新进行 O-F 试验。

（三）β - 半乳糖苷酶试验

1. 原理

某些细菌具有 β- 半乳糖苷酶（ONPG），可分解邻 - 硝基酚 -β-D- 半乳糖苷，生成黄色的邻 - 硝基酚。

2. 方法

取纯菌落，用无菌生理盐水将其制成浓的菌悬液，加入一滴甲苯并充分振摇，使酶释放，然后加入 ONPG 溶液 0.25 mL，于 35 ℃水浴，分别于 20 min 和 3 h 观察结果。

3. 结果判断

一般来说，在 20 ~ 30 min 出现黄色是阳性结果。

4. 注意事项

第一，ONPG 溶液的稳定性易受到影响，一旦溶液变为黄色就无法使用。

第二，ONPG 试验的结果可能会与乳糖的分解过程存在差异。

（四）甲基红试验

1. 原理

某些细菌能分解葡萄糖产生丙酮酸，丙酮酸进一步分解为乳酸、甲酸、乙酸，使培养基的 pH 值下降为 4.5 以下，此时加入甲基红指示剂即显红色（甲基红指示剂变红范围为 pH 值 4.4 ~ 6.0）；某些细菌虽能分解葡萄糖，但产酸量少，培养基的 pH 值在 6.2 以上，加入甲基红指示剂则呈黄色。

2. 方法

将待检菌接种于葡萄糖蛋白胨水培养基中，于 35 ℃条件下培养 24 ~ 48 h，然后添加 2 滴甲基红溶液，并立刻记录试验结果。

3. 结果判断

红色者为阳性，黄色者为阴性。

4. 注意事项

第一，为了确保甲基红试验的准确性，应该在使用每一批蛋白胨之前，用已知甲基红阳性细菌和阴性细菌做质量控制。

第二，甲基红反应的速率与葡萄糖的浓度没有显著关系。

（五）V-P 试验

1. 原理

某些细菌能分解葡萄糖产生丙酮酸，并进一步将丙酮酸脱羧成为乙酰甲基甲醇，乙酰甲基甲醇在碱性环境中被空气中的氧氧化成为二乙酰，二乙酰与培养基中的精氨酸所含的胍基结合，形成红色的化合物，即为 V-P 试验阳性。

2. 操作步骤

第一步，将待检细菌接种于葡萄糖蛋白胨水培养基中，于 35 ℃环境中孵育 24 ~ 48 h。

第二步，贝氏法观察：每 2 mL 培养物中分别加入甲液（6% α- 萘酚乙醇溶液）1 mL 和乙液（40% KOH 溶液）0.4 mL 混合，将其放置在 35 ℃环境中，于 15 ~ 30 min 观察。如果出现红色，则表明为阳性；如果没有红色，则需要将其放置在 37 ℃环境中，4 h 后再观察以做出判断。

3. 结果判断

红色者为阳性。

4. 注意事项

第一，有些微生物检测人员误认为 V-P 试验阳性菌在甲基红试验中结果为阴性，或反之。实际上，肠杆菌科的大多数细菌会产生相反的反应。某些细菌，如蜂房哈夫尼亚菌和奇异变形杆菌，于 35 ℃条件下培养可见甲基红试验和 V-P 试验同时出现阳性反应，后者常延迟出现。

第二，α- 萘酚乙醇容易失效，将该试剂在室温下放于暗处可保存 1 个月。KOH 溶液则可以在较长时间内保持稳定。

（六）淀粉水解试验

1. 原理

产生淀粉酶的细菌能将淀粉水解为糖类，在培养基上滴加碘液时，在菌落周围出现透明区。

2. 方法

将被检菌划线接种于淀粉琼脂平板或试管中，于 35 ℃条件下培养 18 ~ 24 h，加入碘液数滴，立即观察结果。

3. 结果判断

阳性反应时菌落周围有无色透明区，其他地方为蓝色；阴性反应时培养基全部为蓝色。

4. 应用

用于某些细菌的分型与鉴定，如白喉棒状杆菌重型为阳性，轻型、中间型为阴性；用于芽孢杆菌属菌种和厌氧菌某些菌种的鉴定。

（七）胆汁七叶苷水解试验

1. 原理

在 10% ~ 40% 胆汁存在的条件下，某些细菌能够水解七叶苷产生葡萄糖和七叶素。七叶素与培养基中枸橼酸铁的二价铁离子发生反应可形成黑色化合物。

2. 方法

将被检菌接种于胆汁七叶苷培养基中，于 35 ℃条件下培养 18 ~ 24 h，然后观察结果。

3. 结果判断

培养基变黑为阳性，不变为阴性。

4. 应用

这项技术主要用于区分 D 群链球菌和其他链球菌，并能够鉴别肠杆菌属某些细菌。

（八）明胶液化试验

1. 原理

细菌分泌的胞外蛋白水解酶（明胶酶）能分解明胶，使明胶失去凝固能力而液化。

2. 方法

在明胶培养基上接种需要检测的细菌，在 35 ℃条件下培育 24~168 h 或更久。在此期间，每 24 h 移到 4 ℃的冰箱冷藏 2 h，观察有无凝固。

3. 结果判断

如无凝固，则表示明胶已被水解，明胶液化试验阳性，如凝固，则需继续培养。

4. 注意事项

为了避免产生假阴性反应，培养时间应当充分，并且应当同时进行阳性和阴性对照试验。

（九）吡咯烷基芳酰胺酶试验

1. 原理

大多数肠球菌都具备吡咯烷基芳酰胺酶，会将吡咯烷酮 –β– 萘基酰胺（PYR）水解，释放出 β– 萘基酰胺，其会与 PYR 试剂作用，最终形成红色的复合物。

2. 方法

将细菌培养物涂抹于 PYR 纸片上，置于 35 ℃的环境中孵育 5 min，最后添加适量的显色剂。

3. 结果判断

显红色为阳性，无色或不改变为阴性。

（十）葡萄糖酸盐氧化试验

1. 原理

某些细菌可氧化葡萄糖酸钾，产生 α– 酮基葡萄糖酸，其可与本尼迪克特试剂反应，生成棕色或砖红色的氧化亚铜沉淀。

2. 方法

将待检菌 1 mL 接种于葡萄糖酸盐培养基，置于 35 ℃条件下孵育 48 h，加入本尼迪克特试剂 1 mL，于水浴中煮沸 10 min，迅速冷却后观察结果。

3. 结果判断

当沉淀物变成砖红色时，表明为阳性反应；如果沉淀物仍然是蓝色，则为阴性。

4. 注意事项

隔水煮沸应注意试管应受热均匀，以防管内液体喷出导致烫伤和生物危害。

二、氨基酸和蛋白质代谢试验

（一）吲哚试验

1. 原理

某些细菌具有色氨酸酶，能分解培养基中的色氨酸生成吲哚，吲哚与对二甲氨基苯甲醛作用，形成玫瑰吲哚而呈红色。

2. 方法

将待检细菌接种于蛋白胨水培养基中，于 35 ℃环境下孵育 24 ~ 48 h。沿管壁慢慢加入二甲氨基苯甲醛试剂 0.5 mL，观察结果。

3. 结果判断

两液面交界处呈红色为阳性，无色为阴性。

4. 注意事项

蛋白胨中应含有丰富的色氨酸，否则不能应用。

（二）尿素酶试验

1. 原理

某些细菌能产生尿素酶，分解尿素形成氨，使培养基呈碱性，酚红指示剂显示红色。

2. 方法

在 35 ℃的环境下，接种需要进行检测的细菌于尿素培养基中，培养 24 ~ 96 h，观察结果。

3. 结果判断

呈红色者为尿素酶试验阳性。

4. 注意事项

此试验依据培养基变为碱性来验证结果，故对尿素不是特异的。某些细菌，如铜绿假单胞菌可分解培养基中的蛋白胨，使 pH 值升高而呈碱性，会造成结果呈假阳性。因此，必须用无尿素的相同培养基作为对照。

（三）氨基酸脱羧酶试验

1. 原理

有些细菌能产生某种氨基酸脱羧酶，使该种氨基酸脱去羧基生成胺（如赖氨酸—尸胺、鸟氨酸—腐胺、精氨酸—精胺）和 CO_2，从而使培养基变为碱性，指示剂变色。

2. 方法

挑取单个菌落接种于氨基酸脱羧酶培养基及氨基酸对照培养基中，加无菌液体石蜡覆盖，于 35 ℃环境下孵育 96 h，每日观察结果。

3. 结果判断

若仅发酵葡萄糖，培养基显黄色，试验为阴性；若培养基由黄色变为紫色，试验为阳性。对照组（不含氨基酸）为黄色。

4. 注意事项

第一，为了防止出现假阳性反应，试验时培养基应完全密封，避免接触到外界的空气。培养基表面蛋白胨的氧化和脱氨基作用可发生碱性反应，会影响试验结果。

第二，不含氨基酸的对照组，经过 18 ~ 24 h 的培养，标本应仍然保持黄色。

（四）苯丙氨酸脱氨酶试验

1. 原理

有些细菌可产生苯丙氨酸脱氨酶，使苯丙氨酸脱去氨基，形成苯丙酮酸和游离的氨，苯丙酮酸与三氯化铁作用形成绿色化合物。

2. 方法

把待检细菌接种于苯丙氨酸琼脂斜面，并在 35 ℃环境下培养 18 ~ 24 h，在生长的菌苔上滴加三氯化铁试剂，立即观察结果。

3. 结果判断

斜面呈绿色为阳性。

4. 注意事项

第一，确保接种的菌量足够，以避免出现假阴性反应。

第二，苯丙氨酸脱氨酶试验应该在加入三氯化铁试剂后立即观察结果，以确保试验结果的准确性。由于绿色会迅速消失，无论试验结果是阳性还是阴性，都应该在 5 min 内进行判断。

（五）硫化氢试验

1. 原理

当培养基中的含硫氨基酸在细菌的作用下被分解时，会产生硫化氢。硫化氢遇到铅或亚铁离子可生成黑色硫化物。

2. 方法

在醋酸铅培养基、克氏双糖铁琼脂培养基中接种待检细菌，在 35 ℃环境下培育 24 ~ 48 h，观察结果。

3. 结果判断

呈黑色者为阳性。

4. 注意事项

使用克氏双糖铁琼脂作为培养基，可由硫代硫酸钠、硫酸钠或亚硫酸钠还原产生硫化氢，阳性反应时其与亚铁离子生成黑色的硫化铁，阴性时不产生黑色沉淀。

（六）精氨酸双水解酶试验

1. 原理

精氨酸通过两次水解反应产生鸟氨酸、氨和 CO_2。鸟氨酸在鸟氨酸脱羧酶的作用下进一步产生腐胺，为碱性物质，可使培养基指示剂变色。

2. 方法

将待检细菌接种于精氨酸双水解酶试验用培养基，在 35 ℃环境下进行 24 ~ 96 h 的孵育，然后观察结果。

3. 结果判断

溴甲酚紫指示剂呈紫色为阳性，酚红指示剂呈红色为阳性，黄色为阴性。

4. 应用

这项技术主要用于识别肠杆菌科和部分假单胞菌属的细菌。

三、碳源利用试验

（一）枸橼酸盐利用试验

1. 原理

在枸橼酸盐培养基中，细菌能利用的碳源只有枸橼酸盐。当某种细菌能利用枸橼酸盐时可将其分解为碳酸钠，使培养基变为碱性。pH 指示剂为溴麝香草酚蓝时，会由淡绿色变为深蓝色。

2. 方法

在枸橼酸盐培养基上接种待检细菌，并在 35 ℃环境下孵育 24 ~ 168 h，观察结果。

3. 结果判断

当 pH 指示剂从淡绿色转换成深蓝色时，即表明呈现出阳性反应。

4. 注意事项

在进行接种操作时，需要注意控制菌群数量，因为如果数量不足会出现假阴性结果，而如果数量过多则会出现假阳性结果。

（二）乙酰胺利用试验

1. 原理

非发酵菌通过分泌脱酰胺酶，可以将乙酰胺转化释放出氨基，从而使培养基变成碱性。

2. 方法

在乙酰胺培养基中接种待检细菌，并在 35 ℃环境下孵育 24 ~ 48 h，观察结果。

3. 结果判断

培养基由黄色变为红色，为阳性。如果细菌不生长，或轻微生长，培养基颜色不变，为阴性。

4. 应用

这项试验旨在鉴定非发酵菌。结果显示铜绿假单胞菌、去硝化产碱杆菌和食酸假单胞菌均呈阳性反应，而其余大多数非发酵菌呈阴性反应。

四、酶类试验

（一）触酶试验

1. 原理

细菌中的触酶（过氧化氢酶）可以催化过氧化氢分解成水和新生态氧，从而产生分子氧并形成气泡。

2. 方法

从 3% 过氧化氢溶液中取 0.5 mL，滴加于不含血液的细菌培养基上，或取 1 ~ 3 mL3% 过氢化氢滴加于生理盐水细菌悬液中。

3. 结果判断

培养物出现气泡者为阳性。

4. 注意事项

第一，此试验要求用新培养的细菌。

第二，由于红细胞中含有触酶，因此不适合在血琼脂平板上进行触酶试验，以免产生假阳性结果。

第三，需用已知阳性菌和阴性菌做对照试验。

（二）氧化酶试验

1. 原理

具有氧化酶（也称细胞色素氧化酶）的细菌首先使细胞色素 C 氧化，再由氧化型细胞色素 C 使对苯二胺氧化，生成具有颜色的醌类化合物。

2. 方法

取洁净的滤纸一小块，蘸取菌苔少许，加 1 滴 1% 盐酸二甲基对苯二胺溶液于菌落上，观察颜色变化。

3. 结果判断

菌落立即呈粉色并迅速转为紫红色者为阳性。

4. 注意事项

第一，由于试剂在空气中容易氧化，因此应定期更换，或者在配制过程中添加 0.1% 的维生素 C，以有效减缓氧化过程。

第二，应避免使用含有葡萄糖的培养基的菌苔，因为葡萄糖发酵会抑制氧化酶的活性。

第三，在进行试验时，应尽量避免使用含有铁的培养基，因为试验过程中如果接触到铁，可能会产生假阳性结果。

（三）凝固酶试验

1. 原理

葡萄球菌可产生两种凝固酶。一种是结合凝固酶，结合在细胞壁上，使血浆中的纤维蛋白原变成纤维蛋白而附着于细菌表面，发生凝集，可用玻片法测出。另一种是菌体生成后释放于培养基中的游离凝固酶，可被血浆中的协同因子激活变成凝血酶类物质，从而使血浆发生凝固，可用试管法检出。

2. 方法

（1）玻片法

将兔或人血浆和生理盐水各 1 滴分别滴在清洁的玻片上，然后将待检的菌落与这些液体混合，观察结果。

（2）试管法

向 2 支试管中各添加 0.5 mL 生理盐水使血浆稀释 4 倍，挑取数个菌落加入试管中，彻底搅拌，将已确认的该试验阳性细菌加入对照用试管，于 37 ℃水浴 3 ~ 4 h，观察结果。

3. 结果判断

使用玻片法，血液样本中存在明显的细小颗粒，但在生理盐水样本中没有发生自凝现象，则结果为阳性。

使用试管法，血浆凝固为阳性。

4. 注意事项

如果样本中的细菌来自制备时间较久的肉汤（18 ~ 24 h）或生长状况较差、凝固酶活性低的细菌，通常会呈现假阳性结果。

（四）DNA 酶试验

1. 原理

某些细菌可产生细胞外 DNA 酶，可水解 DNA 长链，形成数个单核苷酸组成的寡核苷酸链，水解后形成的寡核苷酸链可溶于酸。DNA 琼脂平板上加入盐酸后，若菌落周围出现透明环，表示该菌具有 DNA 酶。

2. 方法

将待检细菌点种于 DNA 琼脂平板上，于 35 ℃环境下孵育 18 ~ 24 h，然后在细菌生长物上加一层 1 mol/L 的盐酸，浸没样本，观察结果。

3. 结果判断

当菌落周围出现透明环时，表明呈阳性反应，否则为阴性。

4. 注意事项

为了防止细菌的扩散，应将培养基表面的凝固水烘干。

（五）硝酸盐还原试验

1. 原理

某些细菌能够将培养基中的硝酸盐还原为亚硝酸盐，再与乙酸反应生成亚硝酸。亚硝酸与对氨基苯磺酸反应生成偶氮苯磺酸，再与 α- 萘胺结合生成红色的 N-α- 萘胺偶氮苯磺酸。

2. 方法

将待检细菌接种于硝酸盐培养基中，于 35 ℃环境下孵育 24 ~ 48 h，加入甲液（对氨基苯磺酸 0.8 g、5 mol/L 乙酸 100 mL）和乙液（α- 萘胺 0.5 g、5 mol/L 乙酸 100 mL）各 2 滴，观察结果。

3. 结果判断

呈红色者为阳性。若不呈红色，再加入少量锌粉，仍不变为红色者为阳性，表示培养基中的硝酸盐已被还原为亚硝酸盐，进而分解成氨和氮。加锌粉后变为红色者为阴性，表示硝酸盐未被细菌还原，红色反应是由锌粉的还原反应所致。也可在培养基内加1支倒置的小试管，若有气泡产生，表示有氮气产生，用以排除假阴性结果。

4. 注意事项

在进行本次试验时，必须在添加试剂后立即判定结果，以免因颜色变化过快而导致判定困难。

五、其他试验

（一）氢氧化钾拉丝试验

1. 原理

革兰氏阴性菌的细胞壁在稀碱溶液中容易破裂，释放出DNA，使稀碱菌悬液呈现黏性，用接种环搅拌后可拉出黏丝，但是革兰氏阳性菌没有这一特性。

2. 方法

将1滴40 g/L氢氧化钾水溶液滴在洁净玻片上，取少量新鲜菌落混合均匀，不断提拉接种环，检查是否出现黏丝。

3. 结果判断

出现黏丝者为阳性，否则为阴性。

（二）黏丝试验

1. 原理

将霍乱弧菌与0.5%去氧胆酸钠水溶液混合均匀，在1 min内，菌体会被溶解，悬液会从混浊变为清澈，并且变得黏稠，在用接种环挑取时会出现黏丝的现象。

2. 方法

将0.5%去氧胆酸钠水溶液滴在洁净玻片上，与待检细菌混合，提拉接种环，检查是否出现黏丝。

3. 结果判断

1 min内，菌悬液从混浊变为清澈，并且变得黏稠，提拉接种环时会出现黏丝，表明试验呈阳性，反之则是阴性。

（三）环磷酸腺苷试验

1. 原理

B群链球菌拥有环磷酸腺苷（CAMP）因子，它可以激发葡萄球菌的β-溶血素的活性，使两种细菌在划线处呈现箭头形透明溶血区。

2. 方法

先用产β-溶血素的金黄色葡萄球菌在血琼脂平板上划一横线，再取待检的链球菌与前一划线做垂直接种，两者相距0.5 ~ 1.0 cm，在35 ℃环境下孵育18 ~ 24 h，观察结果。

3. 结果判断

在两种细菌划线交界处，出现箭头形透明溶血区为阳性。

4. 注意事项

在被检测的细菌和金黄色葡萄球菌之间，应该保持 0.5 ~ 1.0 cm 的距离。

（四）奥普托欣敏感试验

1. 原理

奥普托欣可干扰肺炎链球菌的叶酸的生物合成，从而抑制该菌生长。几乎所有的肺炎链球菌对其敏感，而其他链球菌对其耐药。

2. 方法

将待检链球菌均匀地涂抹在血琼脂平板上，然后贴放奥普托欣纸片，在 35 ℃环境下孵育 18 ~ 24 h，观察抑菌圈的形态变化。

3. 结果判断

肺炎链球菌的抑菌圈直径大于 10 mm。

4. 注意事项

第一，应避免将奥普托欣敏感试验的血琼脂平板置于含 CO_2 的环境中，因为这会导致抑菌圈缩小。

第二，在同一血琼脂平板上，应尽量避免同时测定多株菌株，最多测定 4 株。

第三，奥普托欣纸片可以放入冰箱内，通常可以保存 9 个月。如果使用已知的敏感性肺炎链球菌进行检测，结果显示耐药，那么这张纸片就应废弃。

（五）新生霉素敏感试验

1. 原理

新生霉素能够有效地抑制金黄色葡萄球菌和表皮葡萄球菌，但对腐生葡萄球菌无效。

2. 方法

将待检菌接种于水解酪蛋白（M-H）琼脂平板或血琼脂平板上，贴上 5 µg/ 片的新生霉素纸片，在 35 ℃环境下孵育 18 ~ 24 h，观察抑菌效果。

3. 结果判断

抑菌圈直径大于 16 mm 为敏感，小于或等于 16 mm 为耐药。

（六）杆菌肽敏感试验

1. 原理

A 群链球菌对杆菌肽的敏感度极高，而其他群链球菌对杆菌肽则通常表现出耐药性。此试验可以有效地区分出 A 群链球菌与其他链球菌。

2. 方法

用棉拭子将待检菌均匀接种于血琼脂平板上，贴上 0.04 U/ 片的杆菌肽纸片，在 35 ℃环境下培养 18 ~ 24 h，观察结果。

3. 结果判断

抑菌圈直径大于 10 mm 为敏感，小于或等于 10 mm 为耐药。

（七）二氨基二异丙基蝶啶抑菌试验

1. 原理

二氨基二异丙基蝶啶（O/129）能抑制弧菌属、发光杆菌属和邻单胞菌属细菌生长，而气单胞菌属和假单胞菌属细菌对 O/129 耐药。

2. 方法

使用棉拭子在碱性琼脂平板表面接种待检细菌，贴上 10 μg/ 片和 150 μg/ 片两种规格的 O/129 纸片，在 35 ℃环境下培养 18 ~ 24 h，观察结果。

3. 结果判断

当出现抑菌圈时，表明这种细菌对 O/129 敏感，没有出现抑菌圈时表明此细菌对 O/129 耐药。

4. 注意事项

该试验检测的细菌传染性强，危害大，试验过程中务必做好生物安全工作。

第四节　细菌的非培养检测技术

近年来，由于免疫学、生物化学、分子生物学等领域的技术飞速进步，许多先进的微生物检测技术得到了大量的推广，使得对临床微生物学的识别更加准确、可靠。这些技术的出现，大大改善了人类在疾病预防、治疗、控制等领域的工作。近年来，许多研究人员开发出了一系列高效、灵活、准确、高灵敏度、经济有效的细菌学检测技术。

一、免疫学检测

随着技术的进步，多种基于免疫学的检测技术正被越来越多的人所重视，用已知抗原或抗体检测抗体或抗原，大大提高了对病原微生物的检测效率。

（一）凝集试验

颗粒性抗原如细菌、红细胞、螺旋体等与相应抗体发生特异性结合，在一定条件下出现肉眼可见的凝块，这种试验就被叫作凝集试验。

1. 直接凝集试验

（1）玻片凝集试验

这项试验是一种定性试验，旨在通过使用既有的抗体来确认潜在的感染源，常用于细菌的鉴定和分型，如对沙门菌属、志贺菌属、致病性大肠埃希菌、弧菌属、嗜血杆菌、布鲁氏菌等的鉴定，以及对链球菌的初步分型。这种方式的操作非常方便、快速。

（2）试管凝集试验

这项试验采取半定量方法，将标准定量的已知细菌和一系列倍比稀释的受体血清进行混合，于 37 ℃环境中培养 4 h，然后将其储存于室温或 4 ℃的冰箱中，观测结果。以出现明显凝集现象的血清最高稀释倍数作为衡量血清抗体的效价。

2. 间接凝集试验

将可溶性抗原或抗体吸附于一种与免疫反应无关、大小均匀一致的颗粒性载体上，形成致敏颗粒，再与相应的未知抗体或抗原作用，在电解质存在的条件下，被动地使致敏颗粒出现肉眼可见的凝集现象，称为间接凝集试验。常用于检测血清中细菌、螺旋体等抗原。间接凝集试验分为正向间接凝集试验、反向间接凝集试验、间接凝集抑制试验和协同凝集试验。通过间接凝集技术，可以有效地检测出血清样本中的抗原，如细菌、螺旋体等。

（二）沉淀试验

可溶性抗原与相应的抗体结合，在适量电解质存在的条件下，出现肉眼可见的沉淀物，称为沉淀试验。有三种主要形式：环状、絮状和琼脂扩散。

1. 环状沉淀试验

本试验将已知的抗体加入内径 1 ~ 3 mm、长 75 mm 的玻璃试管中至 1/3 高度，然后沿管壁慢慢加入稀释的待测抗原溶液，成为交界清晰的两层，在 35 ℃环境下培养 5 ~ 30 min，观察结果。液面交界处形成肉眼可见的白色环状沉淀物为阳性。本试验主要用于肺炎链球菌、鼠疫耶尔森菌的微量鉴定。

2. 絮状沉淀试验

将可溶性的抗原和抗体按照一定的比例混合，在电解质存在的情况下，可形成絮状沉淀物。此试验不仅能够应用已知抗原检测未知抗体，而且也能够对毒素、类毒素、抗毒素进行定量测定。

3. 琼脂扩散试验

用琼脂制成凝胶，使抗原和抗体在凝胶中扩散，在两者比例适当处形成肉眼可见的沉淀线，为阳性反应。常用于标本中的抗原或抗体测定以及纯度鉴定。

（三）免疫荧光技术

通过免疫荧光技术，可以迅速准确地检测细菌，包括直接法和间接法。

1. 直接法

使用特异性荧光标记的已知抗体，经洗涤后在荧光显微镜下观察结果。

2. 间接法

使用已知的细菌特异性抗体，待已知抗体与待检标本作用后经洗涤，再加入荧光标记的第二抗体，经洗涤后在荧光显微镜下观察结果。

（四）酶联免疫吸附试验

酶联免疫吸附试验（ELISA）的灵活度、准确度高，操作快速简便，被广泛用于检测各种病原微生物。常用实施方法包括：间接法、竞争法、双抗体或双抗原夹心法、捕获法，以及生物素 – 抗生物素蛋白系统。

二、分子生物学检测

随着分子生物学技术的迅猛进步，人们对病原微生物的研究重点已经从观察它们的外观、结构和生理特征，转移到生物大分子，尤其是核酸的结构和组成方面的研究。研究人员利用核酸杂交和聚合酶链反应（PCR）等先进技术，取得了惊人的成就，这些技术具有敏感、特异、简单和快速的特点，被广泛应用于临床病原微生物的检测。

（一）核酸杂交技术

1. 核酸杂交技术原理

核酸杂交反应主要是通过两种方式来实现：一是固相杂交技术，即先破碎细菌使之释放DNA，并将其固定在硝酸纤维素滤膜上，再与标记探针杂交，通过观察颜色来判断杂交反应的结果。固相杂交技术包括反向点杂交、Southern 印迹杂交和 Northern 印迹杂交。二是液相杂交法，这种方式的最大特色就是杂交过程能够在液体环境下完成，而无须外部的介质，因此能够大大提高杂交研究的效率。然而，这种办法也存在一定的局限性，即为消除背景干扰必须进行分离，以除去加入反应体系的干扰剂。

2. 核酸探针的类型

根据核酸探针中核苷酸成分的不同，可将其分成 DNA 探针和 RNA 探针，一般多选用DNA 探针。根据选用基因的不同，DNA 探针可分为两种：一种能同微生物中全部 DNA 分子中的一部分发生反应，它对许多菌属、菌种、菌株都有特异性；另一种只能限制性地同微生物中某一基因组 DNA 发生杂交反应，如编码致病性的基因组，它对某种微生物中的一种菌株或仅对微生物中某一菌属有特异性。

3. 核酸探针的应用

核酸探针的应用主要包括以下几个方面：①用于检测无法培养、不能用作生化鉴定、不可观察的微生物产物以及缺乏诊断抗原等，如肠毒素基因。②检测细菌耐药基因。③细菌分型，如 rRNA 分型。

4. 核酸探针的特点

一是探针的特异性。DNA 探针检测技术可以提供高度的特异性，一种适当的 DNA 探针能绝对特异性地与被检微生物完全作用，而不会与其他微生物发生任何作用。

二是探针的敏感性。DNA 探针的敏感性取决于探针本身和标记系统。^{32}P 标记物通常可检出相当于 0.5 pg，1 000 个碱基对的靶系列，相当于 1 000 ~ 10 000 个细菌。用亲和素标记探针检测 1 h 培养物 DNA 含量在 110 pg，两者敏感性大致相同，而血清学方法只能达到 1 ng 的水平。

（二）聚合酶技术

1983 年，Mullis 提出的聚合酶链反应，也就是 PCR 法，是一种有效的 DNA 扩增技术，它采用三步反应的方式：①通过热处理将双链 DNA 变性裂解成单链 DNA。②退火延伸引物至特异性寡核苷酸上。③酶促延伸引物与 DNA 配对合成模板，引物退火，变性 DNA 片段与引物杂交形成的模板可再次参与反应。溶液中核苷酸通过酶聚合成相互补对的 DNA 片段，并能重新裂解成单链 DNA，成为下次 PCR 复制的模板。

（三）基因芯片技术

基因芯片又称 DNA 芯片，是一种新型的、高效的核酸分析工具。固相载体（玻片、硅片或硝酸纤维素滤膜等）上按照特定的排列方式固定了大量已知序列的 DNA 片段或寡核苷酸片段，形成微阵列。将样品基因组 DNA（或 RNA）通过体外逆转录、PCR 扩增等技术掺入标记分子后，与位于微阵列上的已知序列杂交，通过显微设备检测杂交信号强度，经过计算机软件进行数据的比较和综合分析后，即可获得样品中大量基因序列特征或基因表达特征信息。采用基因芯片技术检测血液中的细菌时，DNA 芯片探针的设计与其 PCR 引物设计原理基本一致。

基因芯片技术具有多种优势，包括：①可以同时检测多种细菌。②可以特异性地识别出细菌的种类和亚型。③可以消除非特异性检测方法中的混杂因素。④具备高度的自动化技术，可以实现对一些特定细菌的快速、准确的检测，从而更好地满足大规模样本的检测需求。

三、细菌毒素检测

（一）内毒素

内毒素是革兰氏阴性菌细胞壁的特有结构，具备致热性。这种物质能够活化中性粒细胞，使其释放内源性致热原。这些致热原会作用于体温调节中枢引起发热。内毒素的主要成分为脂多糖。在细菌菌体死亡或自溶后，内毒素会被释放出。正确、快速、定量检测早期体液中的内毒素及进行相应的对症治疗尤为重要。一般用鲎试验来检测内毒素，特异性、灵敏度高。

（二）外毒素

许多革兰氏阳性菌和阴性菌都会在它们的生长繁殖过程中分泌出一种叫作外毒素的化学物质，它们的主要组成部分为可溶性蛋白质。外毒素对人体组织器官的侵害有选择性。外毒素不耐热、不稳定、抗原性强，可刺激机体产生抗毒素，可中和外毒素，用作治疗。外毒素的测定主要用于某些待检菌的鉴定以及产毒株和非产毒株的鉴别。一般方法有体内毒力试验和体外毒力试验。

四、蛋白质组学技术鉴定细菌

随着科研的不断发展，蛋白质组学技术在病原微生物鉴定和分型方面的应用越来越广泛。目前，利用基质辅助激光解析电离飞行时间质谱（MALDI-TOF-MS）可以有效地识别出多种细菌。细菌鉴定先通过 MALDI-TOF 获得图谱，将样本的基因组信息与数据库中的样本信息进行比较，以确保识别的准确性。通过 MALDI-TOF-MS 技术，不仅可以准确地鉴别葡萄球菌属的各种亚型，而且还可以探索出细菌的毒性因子及其代谢产物，从而更加精准地识别出多种耐药菌，并且也可以探索出一些具有潜在疗效的硫醚类抗生素。

五、动物实验

动物实验的用途很广，在临床微生物学检测中，主要用于分离和鉴定细菌、检测细菌毒力、制备免疫血清以及生物制品的安全、毒性试验等。常用的实验动物有小鼠、大鼠、豚鼠、家兔和绵羊等。

第五节 细菌自动化检测系统

一、自动血液培养系统

（一）自动血液培养系统的检测原理

1. 以检测培养基导电性和电压为基础的血培养系统

培养基含有不同的电解质，具有一定的导电性，微生物在生长过程中可产生质子、电子和各种带电荷的原子团，可通过瓶盖上的电极检测培养基的导电性或电压变化，判断有无微生物生长。

2. 以检测压力为基础的血培养系统

细菌在生长过程中产生或吸收少量气体，使培养瓶内压力改变，故可据此判断微生物生长情况。

3. 利用光电原理检测的血培养系统

微生物在生长过程中会产生 CO_2，引起培养基 pH 值或氧化还原电势改变，故可利用分光计、CO_2 感受器、荧光检测等光电技术检测培养瓶中有无微生物生长。

（二）自动血液培养系统的性能特点

第一，培养基营养丰富，有利于细菌生长。

第二，培养种类多，适用于各种细菌。

第三，培养基含有树脂、活性炭等吸附抗菌药物，提高阳性检出率。

第四，培养瓶坚固、不易破碎，有利于生物安全和环保。

第五，出现阳性会自动报警。

第六，早发现。在转种处理时即可进行一级报告。

第七，条形码技术使标本检测不会出错。

第八，适合各类体液标本，如胸腔积液、腹水、脑脊液等。

二、自动鉴定及细菌药敏分析系统

（一）自动鉴定及细菌药敏分析系统的检测原理

1. 自动鉴定原理

微生物自动鉴定方法是采取微生物数值编码鉴定法。早期的微生物数值编码鉴定技术为微生物检测工作提供了一个简便、科学的鉴定程序，也提高了细菌鉴定的准确性。基于微生物数值编码鉴定技术的日益成熟，逐步形成了多种独特的细菌鉴定系统。

微生物数值编码鉴定技术是指通过编码技术将细菌的生化反应模式转换成数学模式，给每种细菌的反应模式赋予一组数码，建立数据库。对未知细菌进行有关的生化试验，将结果转换为数据模式，检索数据库，可得到细菌名称。

2. 抗菌药物敏感试验原理

以肉汤稀释法测定最低抑菌浓度（MIC），将药物稀释为一定浓度，接种细菌后以细菌生长的最低药物浓度值表示，每个孔混浊表示生长，清晰表示不生长。

（二）自动鉴定及细菌药敏分析系统的性能特点

第一，实现自动化测定，结果准确，操作标准化，效率高，适合大样本检测。

第二，鉴定细菌范围广，可以鉴定 500 余种细菌。

第三，检测速度快，一般细菌 3 ~ 8 h。

第四，抗菌药物组合种类多，符合临床要求。

第五，数据处理软件功能强大。

第六，具有仪器自检功能。

第六节　菌种保存技术和管理

一、菌种保存方法

为了确保菌株的长期存活，所选择的培养基必须具有良好的稳定性，以避免出现生长过快或新陈代谢过快的情况，从而确保菌株的性状得到有效的保护。

（一）培养基直接保存法

将菌种接种到适当的固体斜面培养基上，等待菌种充分生长后，用油纸将棉塞部分包扎好，放入 2 ~ 8 ℃的冰箱内进行保存。根据不同的微生物种类，储存时间也会有所差异，如放线菌和具有芽孢的细菌应该 2 ~ 4 个月进行一次移种。

（二）液体石蜡保存法

第一步，把液体石蜡倒入锥形瓶，塞上棉塞，用牛皮纸包扎封口。在 1.05×10^6 Pa、121.3℃ 环境下灭菌 20 min，然后放入 40 ℃的温箱，使水汽蒸发，待用。

第二步，将需要保存的菌种在最适宜的斜面培养基中培养，以便得到健壮的菌体或孢子。

第三步，用灭菌吸管吸取灭菌的液体石蜡，注入已长好菌体的斜面培养基上。其用量以高出斜面顶端 1 cm 为准。这样可以有效地将菌种和外界的空气分离开。

第四步，直立试管，放在室温或低温下保存。有些微生物在室温保存时间更长。

（三）滤纸保存法

第一步，把滤纸切割为 0.5 cm × 1.2 cm 的细长片，放进 0.6 cm × 8.0 cm 安瓿管中，每个管放 1 ~ 2 张滤纸，用棉塞堵住，在 1.05×10^6 Pa、121.3 ℃环境下灭菌 20 min。

第二步，在适当的斜面培养基中，对需要保存的菌种进行培养，使其充分生长。

第三步，取脱脂灭菌牛奶 1 ~ 2 mL，然后将其滴入灭菌培养皿或者试管中，取数环菌苔放入其中混合均匀，制成浓悬液。

第四步，用灭菌镊子自安瓿管取滤纸条浸入菌悬液内，使其吸足菌悬液，再放回安瓿管中，塞上棉塞。

第五步，将安瓿管放入含有以五氧化二磷作为吸水剂的干燥器中，用真空泵抽气干燥。

第六步，将棉花塞入管内，火焰熔封，低温保存。

（四）液氮冷冻保存法

1. 准备安瓿管

用于液氮保存的安瓿管，宜使用硼硅酸盐玻璃制作，其规格一般为 75 mm × 10 mm，或者其大小应可以容纳 1.2 mL 的液体。

2. 灭菌

灭菌保存菌种时，将空安瓿管塞入棉塞，在 1.05×10^6 Pa、121.3 ℃环境下灭菌 15 min。

3. 接入菌种

将菌种用 10% 的甘油蒸馏水溶液制成菌悬液，然后倒入经过消毒的安瓿管中。浸入水中检查有无漏洞。

4. 冻结

将已封口的安瓿管以每分钟下降 1 ℃的速度冻结至 –30 ℃。若细胞急剧冷冻，则会在细胞内形成冰晶而降低存活率。

5. 保存

将冻结至 –30 ℃的安瓿管立即放入液氮冷冻保存容器中，再将容器放入液氮保存器内。液氮保存器内气相为 –150 ℃，液态氮为 –196 ℃。

6. 恢复培养保存的菌种

需要时将安瓿管取出，立即放入 38 ～ 40 ℃的水浴中进行急剧解冻，直到全部融化为止。再打开安瓿管，将内容物移入适宜的培养基上培养。

这种方式既能够有效地储存普通的微生物，又能够有效地储存那些使用传统冷冻干燥技术无法有效储存的微生物，例如支原体、衣原体、氢细菌和噬菌体等，并能够维持其性状。

（五）冷冻干燥保存法

1. 准备安瓿管

用于冷冻干燥保存的安瓿管宜采用中性玻璃制造，形状可为长颈球形底。安瓿管规格为外径 6.0 ～ 7.5 mm，长度 105 mm，球部直径 9 ～ 11 mm，壁厚 0.6 ～ 1.2 mm。也可使用无球部的管状安瓿管。安瓿管塞好棉塞，在 1.05×10^6 Pa、121.3 ℃环境下进行 20 min 的灭菌处理，以便将来使用。

2. 准备菌种

采取冷冻干燥法保存的微生物，保存期可为 5 ～ 15 年，因此，保存时应该严格控制微生物的纯度，确保没有任何外来的细菌污染，并且应该选择最佳的培养环境，从而获得质量优秀的微生物样本。细菌和酵母的菌龄要求超过对数生长期，若用对数生长期的菌种进行保存，其存活率反而降低。一般细菌需培养 24 ～ 48 h，放线菌需培养 7 ～ 10 d。

3. 制备菌悬液

将脱脂灭菌牛乳 2 mL 添加到斜面培养基制成浓菌液，每支安瓿管分装 0.2 mL。

4. 冷冻干燥器

虽然市面上有一些高性能的冷冻干燥设备，但价格较昂贵。此处介绍一种简易方法与装置。把分装好的安瓿管放入低温冰箱。无低温冰箱者可用冷冻剂如干冰乙醇液或干冰丙酮液，在安瓿管中插入冷冻剂，只需冷冻 4 ~ 5 min 即可使菌悬液结冰。

5. 真空干燥

为了确保样品在真空干燥过程中保持冻结状态，应该准备一个冷冻槽，放入碎冰块和食盐，混合均匀，可冷却至 –15 ℃。一般在 30 min 内抽气到真空度为 93.3 Pa，就可以避免干燥物融化，再继续抽气，数小时之后，肉眼可见被干燥物已趋于干燥，一般抽气到真空度为 26.7 Pa，并维持此压力 6 ~ 8 h。

6. 封口

真空干燥后，取出安瓿管，接在封口用的玻璃管上，可用 L 形五通管继续抽气，约 10 min 即可达到 26.7 Pa。于真空状态下，以煤气喷灯的细火焰在安瓿管颈中央进行封口。封口后，保存于冰箱或室温暗处。

二、菌种保存的管理

（一）入库菌种应建立档案

菌种档案应当包含菌种的名称、编号、来源、保存时间、传代时间，以及定期重新检测的生化反应结果。并详细记录菌种档案年限，不同菌种种类分别归档管理，每一菌种记录一页。

（二）菌种保存规则

为了保证实验室的安全，保存菌种的冰箱都必须上锁，菌种实行双人双管，任何人都不能擅自处理或携带这些菌株离开实验室。若确实有工作或科研的需要，必须经过上级领导的批准，并且要做好详细的记录。为了确保菌种的安全，应该由专门的人员负责保管。如果工作需要调动，应该及时进行交接。

（三）定期转种

在实验室中，菌种必须按照规定的时间进行转移。每转种三代做一次鉴定，检查菌株是否发生变异，并在菌种档案卡上做详细记录，包括菌名、来源、标号、保存转种日期、菌株是否发生变异等。

第三章　抗菌药物敏感性检测技术

第一节　抗菌药物的分类和注意事项

一、β-内酰胺类

（一）青霉素类

青霉素是一种常见的抗菌药物，主要分为天然青霉素、耐青霉素酶青霉素、广谱青霉素和青霉素+β-内酰胺酶抑制剂。天然青霉素有青霉素G、青霉素V，作用于不产青霉素酶的G^+菌、G^-菌、厌氧菌。耐青霉素酶青霉素有甲氧西林、奈夫西林、苯唑西林、氯唑西林、双氯西林、氟氯西林，作用于产青霉素酶的葡萄球菌。广谱青霉素又分为氨基组青霉素、羧基组青霉素、脲基组青霉素。氨基组青霉素有氨苄西林、阿莫西林，作用于青霉素敏感的细菌、大部分大肠埃希菌、奇异变形杆菌、流感嗜血杆菌等革兰氏阴性杆菌；羧基组青霉素有羧苄西林、替卡西林，作用于产β-内酰胺酶肠杆菌科细菌和假单胞菌，对克雷伯菌和肠球菌无效，可协同氨基糖苷类抗生素作用于肠球菌；脲基组青霉素有美洛西林、阿洛西林、哌拉西林，作用于产β-内酰胺酶肠杆菌科细菌和假单胞菌。青霉素和β-内酰胺类抗生素可与青霉素结合蛋白结合，抑制细菌细胞壁合成。

在使用这类药物时，应该特别注意：①用药前必须详细询问患者有无此类药物过敏史、其他药物过敏史及过敏性疾病史，须先做青霉素皮试。②一旦发生过敏性休克，必须就地抢救，立即注射肾上腺素，并给予吸氧，应用升压药、肾上腺皮质激素等进行抗休克治疗。③全身应用大剂量青霉素可引起腱反射增强、肌肉痉挛、抽搐、昏迷等中枢神经系统反应（青霉素脑病），此反应易出现于老年和肾功能减退患者。④青霉素不用于鞘内注射。⑤青霉素钾盐不可快速静脉注射。⑥本类药物在碱性溶液中易失活。

（二）头孢菌素类

头孢菌素类根据发现的先后和抗菌作用将其命名为第一代、第二代、第三代、第四代、第五代头孢菌素。第一代头孢菌素有头孢噻啶、头孢噻吩、头孢氨苄、头孢唑啉、头孢拉定、头孢匹林、头孢羟氨苄。第二代头孢菌素有头孢孟多、头孢呋辛、头孢尼西、头孢雷特、头孢克洛、头孢丙烯、氯碳头孢。第三代头孢菌素有头孢噻肟、头孢曲松、头孢他啶、头孢唑肟、头孢哌酮、头孢克肟、头孢布烯、头孢地尼、头孢泊肟。第四代头孢菌素有头孢匹罗、头孢噻利、头孢吡肟和头孢比罗。第五代头孢菌素有头孢洛林。

头孢菌素的抗菌能力可以从多个方面来评估。对于革兰氏阳性球菌，一代头孢菌素抗菌效果好于二代头孢菌素，二代头孢菌素抗菌效果好于三代头孢菌素。对于革兰氏阴性杆菌，一代头孢菌素抗菌效果低于二代头孢菌素，二代头孢菌素抗菌效果低于三代头孢菌素。四代头孢菌素对于革兰氏阳性球菌和革兰氏阴性杆菌效果几乎相同，并具有抗假单胞菌作用。五代头孢菌素头孢洛林可以有效抵抗包括耐甲氧西林金黄色葡萄菌（MRSA）在内的革兰氏阳性菌，其抗革兰氏阴性菌的活性也可以达到最新的水平。

头孢菌素具有多种抗菌活性，这是因为它们可以通过结合不同的青霉素结合蛋白实现抗菌。在使用这类药物时，应该特别注意：①禁用于对任何一种头孢菌素类抗菌药物有过敏史及有青霉素过敏性休克史的患者。②用药前必须详细询问患者先前有无对头孢菌素类、青霉素类或其他药物的过敏史。有青霉素类、其他β-内酰胺类及其他药物过敏史的患者，有明确应用指征时应谨慎使用本类药物。在用药过程中一旦发生过敏反应，须立即停药。如发生过敏性休克，须立即就地抢救并予以肾上腺素等进行相关治疗。③大多数头孢菌素类抗菌药物通过肾脏代谢，中度以上肾功能不全患者应调整剂量。中度以上肝功能减退患者，使用头孢哌酮、头孢曲松可能需要调整剂量。④氨基糖苷类和第一代头孢菌素注射剂合用可能加重前者的肾毒性，应注意监测肾功能。⑤头孢哌酮可导致低凝血酶原血症或出血，可配合使用维生素 K，以降低不良影响；本药亦可引起双硫仑样反应，用药期间及治疗结束后 72 h 内应避免摄入含酒精的饮料。

（三）其他 β-内酰胺类

1. 碳青霉烯类

碳青霉烯类除了嗜麦芽窄食单胞菌、耐甲氧西林葡萄球菌（MRS）、屎肠球菌和某些脆弱类杆菌耐药外，对几乎所有的由质粒或染色体介导的 β-内酰胺酶稳定，因而是目前抗菌谱最广的抗菌药物，具有快速杀菌作用。此类药物主要有亚胺培南、美罗培南、必阿培南、帕尼培南和多利培南。其功能和机制如下：①具有良好的穿透性。②与青霉素结合蛋白 1、青霉素结合蛋白 2 结合，导致细菌细胞的溶解。③对质粒和染色体介导的 β-内酰胺酶稳定。

在使用这类药物时，应该特别注意：①禁用于对本类药物及其配伍成分过敏的患者。②本类药物不宜用于治疗轻症感染，更不可作为预防性用药。③原有癫痫史等中枢神经系统疾病及肾功能减退未减量用药者，使用本类药物可能致严重的中枢神经系统反应，应避免使用本类药物。中枢神经系统感染的患者有指征应用美罗培南或帕尼培南时，仍需严密观察抽搐等严重不良反应。④对于肾功能衰竭的患者和老年人，在使用本类药品的过程中，必须适当调整用量。

2. β-内酰胺酶抑制剂的复合制剂

当前，阿莫西林-克拉维酸、替卡西林-克拉维酸、氨苄西林-舒巴坦、头孢哌酮-舒巴坦以及哌拉西林-他唑巴坦已经成为了临床的常用药物。

本类药物适用于因产 β-内酰胺酶而对 β-内酰胺类药物耐药的细菌感染，但不推荐用于对复合制剂中抗菌药物敏感的细菌感染和非产 β-内酰胺酶的耐药菌感染。阿莫西林-克拉维酸适用于产 β-内酰胺酶的流感嗜血杆菌、卡他莫拉菌、大肠埃希菌等肠杆菌科细菌；甲氧西林适用于金黄色葡萄球菌所致如鼻窦炎，中耳炎，下呼吸道感染，泌尿生殖系统感染，皮肤、软组织感染，骨、关节感染，腹腔感染，以及败血症等。重症感染者或不能口服者应用本药的注射剂，轻症感染或经静脉给药后病情好转的患者可予口服给药。氨苄西林-舒巴坦静脉给药及其口服制剂舒他西林的适应证与阿莫西林－克拉维酸相同。头孢哌酮－舒巴坦、替卡西林－克拉维酸和哌拉西林－他唑巴坦仅供静脉使用，适用于产β－内酰胺酶的大肠埃希菌、肺炎克雷伯菌等肠杆菌科细菌、铜绿假单胞菌和拟杆菌属等所致的各种严重感染。

在使用这类药物时，应该特别注意：①在服用阿莫西林－克拉维酸、替卡西林－克拉维酸、氨苄西林－舒巴坦、哌拉西林－他唑巴坦之前，应当详细询问患者有无药物过敏史，同时进行青霉素皮试，对此类药物过敏或皮试阳性者禁用此类药物。对以上复合制剂中任一成分有过敏史者禁用该复合制剂。②有头孢菌素或舒巴坦过敏史者禁用头孢哌酮－舒巴坦。有青霉素类过敏史的患者确有应用头孢哌酮－舒巴坦的指征时，必须在严密观察下慎用，但有青霉素过敏性休克史的患者，不可选用头孢哌酮－舒巴坦。③应用本类药物时如发生过敏反应，须立即停药。一旦发生过敏性休克，应就地抢救，并给予吸氧及注射肾上腺素、肾上腺皮质激素等抗休克治疗。④对于中度或更严重的肾功能不全患者，在使用这些药物的同时，必须依据肾功能情况适当调整剂量。⑤本类药物不推荐用于新生儿和早产儿；哌拉西林－他唑巴坦也不推荐在儿童患者中应用。

3. 单环类

氨曲南是第一个被证明能够在实际应用中取得良好效果的单环类β－内酰胺类抗菌药物，它能够高效地抑制革兰氏阴性菌，而且还拥有较高的安全性，不会与青霉素产生交叉过敏反应，因此被广泛应用于青霉素过敏患者或作为氨基糖苷类药物的替代品。该药与革兰氏阴性杆菌青霉素结合蛋白3结合，可以破坏细菌细胞壁合成，使其不被质粒和染色体介导的β－内酰胺酶水解。

本类药物对革兰氏阳性菌和厌氧菌几乎无作用。但大多数不动杆菌属细菌、洋葱伯克霍尔德菌、嗜麦芽窄食单胞菌对该药不敏感。

4. 头霉素类

头霉素类抗菌药物以头孢西丁、头孢替坦和头孢美唑最为常见。它们的抗菌谱广，能够很好地抵御革兰氏阴性菌，对多种β－内酰胺酶稳定。本类药物抗菌谱和抗菌活性与第二代头孢菌素相同，对革兰氏阳性菌有较好的抗菌效果，对包括脆弱类杆菌在内的厌氧菌也有高度抗菌活性，处理盆腔感染、妇科感染及腹腔的需氧与厌氧菌混合感染效果较好，但对铜绿假单胞菌耐药。

5. 氧头孢烯类

氧头孢烯类抗菌药物具有第三代头孢菌素特点，它的抗菌能力非常出色，其抗菌效果可以媲美头孢噻肟，可以较好地控制革兰氏阳性菌、革兰氏阴性菌以及厌氧菌，尤其是脆弱拟杆菌。而且它对β－内酰胺酶稳定，其血药浓度可以较长时间维持。研究发现，此类药物对产酶的金黄色葡萄球菌也具有一定的抗菌活性。

二、氨基糖苷类

根据氨基糖苷类来源，可以将其划分为三类：①从链霉菌属发酵滤液中提取，包含链霉素、卡那霉素、妥布霉素、核糖霉素、巴龙霉素和新霉素。②从小单胞菌属发酵滤液中提取，包含庆大霉素和阿司米星。③半合成氨基糖苷类，包含阿米卡星等、奈替米星和地贝卡星等。

氨基糖苷类抗菌药物对需氧革兰氏阴性杆菌有较强的抗菌活性，对革兰氏阳性球菌有一定的抗菌活性。

氨基糖苷类抗菌药物的主要作用：①依靠离子的吸附作用，吸附在菌体表面，造成膜的损伤。②和细菌核糖体 30S 小亚基发生不可逆结合，抑制 mRNA 的转录和蛋白质的合成，造成遗传密码的错读，产生无意义的蛋白质。

在使用这类药物时，应该特别注意：①对此类药物过敏的患者禁用。②此类药物具有肾毒性、耳毒性（耳蜗、前庭）和神经肌肉阻滞作用，所以在用药期间须监测患者相关指标和机能，出现不良反应先兆时，须及时停药。局部用药亦有可能发生上述不良反应。③氨基糖苷类抗菌药物在抵御肺炎链球菌和溶血性链球菌方面效果较弱，所以在处理日常感染的情况下，应避免使用这类药物。因为它的毒性反应，这种药物不宜处理单纯的上、下尿路感染的初发病例。④对于肾功能减退患者，在使用此类药物的过程中，必须适当降低剂量，同时监测相关指标，以利于更好地控制剂量。⑤新生儿、婴幼儿和老年人不宜使用本类药物，临床有明确指征需应用时，须监测相关指标，并且及时调整治疗方案。⑥怀孕的妇女要避免使用本类药物。⑦这类药物应避免和其他具有肾毒性、耳毒性的药物及神经肌肉阻滞剂和强利尿剂等同用。⑧本类药物不可用于眼内或结膜下给药，因可能引起黄斑坏死。

三、四环素类

四环素是一种常用的药物，可以控制革兰氏阳性菌和革兰氏阴性菌，并且能够抵御立克次体、支原体、螺旋体、阿米巴等的侵害。

此类药物与细菌的 30S 核糖体亚单体结合，可以有效地抑制蛋白质的合成。在临床实践中，四环素类药物通常被视为治疗衣原体和立克次体感染的首选药物。

替加环素是米诺环素的衍生物，是第一个应用于临床的新型甘氨酰环素类抗生素。替加环素抗菌谱广泛，覆盖革兰氏阳性菌、革兰氏阴性菌、厌氧菌和快生长的分枝杆菌。

在使用这类药物时，应该特别注意：①对此类药物过敏的患者禁用。②妊娠期和 8 岁以下患者不可使用该类药物，以免牙齿着色及导致牙釉质发育不良。③哺乳期患者应避免应用或用药期间暂停哺乳。④肾功能损害者避免用四环素，以免加重氮质血症，但多西环素及米诺环素仍可谨慎应用。⑤四环素类也可以引起肝脏损害，因此对于原有肝病的患者，不适合使用此类药物。

四、氯霉素类

氯霉素通过影响细菌 70S 核糖体的 50S 亚基而抑制蛋白质合成，从而抵御革兰氏阳性菌、革兰氏阴性菌、支原体、衣原体以及立克次体的侵害。氯霉素类抗菌药物包括氯霉素、甲砜霉素。

在使用这类药物时,应该特别注意：①对此类药物过敏者禁用。②为了防止出现血液系统的副作用，建议在服药期间定期检测周围血常规，一旦发现血细胞减少立即停止服用，并采取适当的治疗措施。为了保证安全，建议不要长期使用此类药物。③禁止与其他骨髓抑制药物合用。④妊娠期患者避免应用。哺乳期患者避免应用或用药期间暂停哺乳。⑤早产儿、新生儿应用此类药物后可发生灰婴综合征，应避免使用。婴幼儿患者必须应用时需监测相关指标。⑥肝功能减退患者避免应用此类药物。

五、大环内酯类

大环内酯类抗菌药物可以有效抵御流感嗜血杆菌、军团菌、支原体、衣原体的感染。目前常用的有红霉素、吉他霉素、麦迪霉素、乙酰螺旋霉素，以及新一代大环内酯类如克拉霉素、罗红霉素、地红霉素、氟红霉素、阿奇霉素、乙酸麦迪霉素等。

大环内酯类抗菌药物可逆结合细菌核糖体 50S 大亚基的 23S 单位，抑制细菌蛋白质合成和肽链延伸。新一代大环内酯类具有免疫调节功能，能增强单核－巨噬细胞吞噬功能。此外，此类药物肺部浓度较血清浓度高。

在使用这类药物时，应该特别注意：①对此类药物过敏者禁用。②红霉素及克拉霉素禁止与特非那定合用，以免引起心脏不良反应。③肝功能损害患者如有指征须应用时，应适当减量并定期复查肝功能。④红霉素酯化物不宜用于肝脏疾病患者和妊娠期妇女。⑤如果妊娠期妇女需要服用克拉霉素，医护人员需要仔细考虑其优缺点，并做出最终的选择。哺乳期患者用药期间应暂停哺乳。⑥乳糖酸红霉素粉针剂使用时必须先用注射用水完全溶解，加入生理盐水或 5% 葡萄糖溶液中，药物浓度为 0.14% ~ 0.50%，缓慢静脉滴注。

六、林可霉素类

林可霉素类包括林可霉素和克林霉素，主要作用于革兰氏阳性球菌和白喉棒状杆菌、破伤风梭菌等革兰氏阳性杆菌。各种厌氧菌，特别是对红霉素耐药的脆弱类杆菌对该药敏感。此类药物可与细菌 50S 核蛋白体亚基结合，抑制其蛋白质合成，并可干扰肽酰基的转移，阻止肽链的延长。沙眼衣原体对本类药物敏感。克林霉素是治疗肺部厌氧菌感染、衣原体性传播性疾病的首选药物。

在使用这类药物时，应该特别注意：①对此类药物过敏者禁用。②在服用此类药物期间，要注意假膜性肠炎的可能性，一旦出现可能性，立即停止用药。③由于此类药物具有明显的神经肌肉阻断效果，因此不宜和其他的神经肌肉抑制剂一起使用。④对于前列腺增生的老年男性，如果服用的剂量过多，可能会导致尿潴留的发生。⑤此类药物不推荐用于新生儿。⑥妊娠期患者确有指征时方可慎用。哺乳期患者用药期间应暂停哺乳。⑦如果肝功能受损患者确有应用指征时应减量应用。⑧静脉制剂应缓慢滴注，不可静脉推注。

七、利福霉素类

目前，利福霉素类临床使用的药物包括利福平、利福喷汀和利福布汀。其中，利福平和异烟肼、吡嗪酰胺的配伍使得它成为了多种类型的肺结核短程疗法的基础。利福平还是麻风联合化疗中的主要药物之一。利福喷汀能够取代利福平，作为联合用药之一。利福布汀能够帮助免疫缺陷患者抵御鸟分枝杆菌的复合群感染。利福平可用于脑膜炎奈瑟菌咽部慢性带菌者或作为与该菌所致脑膜炎患者密切接触者的预防用药；因细菌可能迅速产生耐药性，故不宜用于治疗脑膜炎奈瑟菌感染。当甲氧西林治疗不能有效控制金黄色葡萄球菌和表皮葡萄球菌引起的严重感染时，万古霉素联合利福平是一种有效的治疗方案。

在使用这类药物时，应该特别注意：①对此类药物过敏者禁用，曾出现血小板减少性紫癞的患者禁用此类药物。②妊娠3个月内的患者应避免用利福平；妊娠3个月以上的患者有明确指征使用利福平时，应充分权衡利弊后决定。③肝功能不全、胆道梗阻、慢性乙醇中毒患者应用利福平时应适当减量。要定期检查肝脏和血液的指标。④结核病患者应避免大剂量间歇用药。

八、喹诺酮类

喹诺酮类药物在临床应用中常见药物主要包括诺氟沙星、依诺沙星、氧氟沙星和环丙沙星。此外，近年来开发出的新型药物，不仅能够更好地抵御革兰氏阳性球菌，如肺炎链球菌和化脓性链球菌，还能够更好地抵御衣原体属、支原体属和军团菌等细胞内病原微生物。其中左氧氟沙星、加替沙星和莫西沙星在临床有较多应用。

在使用这类药时，应该特别注意：①对此类药物过敏者禁用。②喹诺酮类药物不适合未成年患者使用。③制酸剂和含钙、铝、镁等金属离子的药物会影响此类药物的吸收，应避免同用。④此类药物可能导致一些中枢神经系统不良反应，如抽搐、癫痫、神志改变、视力损害等。有肾功能减退或中枢神经系统基础疾病的患者更容易出现这类不良反应。有癫痫或其他中枢神经系统基础疾病的患者，不宜使用此类药物。肾功能减退患者应用此类药物时，需根据肾功能减退程度减量用药。⑤妊娠期及哺乳期患者避免应用此类药物。⑥此类药物可能导致皮肤过敏反应、关节病变、肌腱断裂等，偶尔可引起心电图 QT 间期延长等，用药期间应该密切监测。

九、磺胺类

按照其药理作用及其在治疗中的作用，这些药物被归纳为：①口服易吸收、可全身应用者，如磺胺甲噁唑、磺胺嘧啶、磺胺林、磺胺多辛、复方磺胺甲噁唑（磺胺甲噁唑与甲氧苄啶）、复方磺胺嘧啶（磺胺嘧啶与甲氧苄啶）等。②口服不易吸收者，如柳氮磺吡啶。③局部应用者，如磺胺嘧啶银、醋酸磺胺米隆、磺胺醋酰钠等。

在使用这类药物时，应该特别注意：①对此类药物过敏者禁用。对呋塞米、矾类、噻嗪类利尿剂、磺脲类或碳酸酐酶抑制剂等过敏的患者禁用。②此类药物常引起过敏反应，如出现较严重的渗出性多形红斑、中毒性表皮坏死松解型药疹等，过敏体质及对其他药物有过敏史的患者应尽量避免使用此类药物。③此类药物可导致粒细胞减少、血小板减少及再生障碍性贫血，用药期间应定期检查周围血常规变化。④它还会对肝脏造成损害，导致黄疸和肝功能衰竭，甚至会导致肝坏死。用药期间需定期测定肝功能。肝病患者应避免使用此类药物。⑤本类药物可致肾损害，用药期间应监测肾功能。肾功能减退、失水、休克及老年患者应避免使用此类药物。⑥此类药物会导致脑性核黄疸，新生儿及2月龄以下婴儿禁用。⑦孕妇和哺乳期女性应避免使用此类药物。⑧在使用此类药物时，要注意增加饮水量，以预防结晶尿的形成。如有必要，还需要使用碱化尿液的药物。

十、呋喃类

国内临床应用的呋喃类药物包括呋喃妥因、呋喃唑酮和呋喃西林。呋喃妥因适用于大肠埃希菌、腐生葡萄球菌、肠球菌属及克雷伯菌属等细菌敏感菌株所致的急性单纯性膀胱炎，亦可用于预防尿路感染。呋喃唑酮主要用于治疗志贺菌属、沙门菌、霍乱弧菌引起的肠道感染。呋喃西林仅局部用于治疗创面、烧伤部位、皮肤等感染，也可用于膀胱冲洗。

在使用这类药物时，应该特别注意：①对此类药物过敏者禁用。②新生儿禁忌使用此类药物；成年人缺乏葡萄糖 –6– 磷酸脱氢酶的情况下也不宜应用此类药物。③哺乳期患者服用此类药物时应停止哺乳。④大剂量、持续应用此类药物的治疗方案和肾脏损害的患者，有风险会出现头痛、肌肉疼、眼球震颤和周围神经炎等不良反应。⑤对于连续使用呋喃妥因 6 个月以上的患者，有风险会出现弥漫性间质性肺炎或肺纤维化，必须进行仔细的监测，及时停止用药。⑥在使用呋喃唑酮的过程中，禁止饮酒及含酒精饮料。

十一、万古霉素和去甲万古霉素

万古霉素和去甲万古霉素属糖肽类抗菌药物。去甲万古霉素的化学结构与万古霉素相近，抗菌谱和抗菌作用相仿。

万古霉素和去甲万古霉素能够有效地防治由耐药革兰氏阳性菌引发的各种感染，尤其适合 MRSA、甲氧西林耐药凝固酶阴性葡萄球菌、肠球菌属以及青霉素肺炎链球菌等引发的感染。此外，它们还能够有效地防治对青霉素类过敏的严重革兰氏阳性菌感染患者，以及粒细胞缺乏症高度怀疑革兰氏阳性菌感染的患者。去甲万古霉素或万古霉素口服，可用于经甲硝唑治疗无效的艰难梭菌所致假膜性肠炎患者。

在使用这类药物时，应该特别注意：①对此类药物过敏者禁用。②应避免将其应用于预防用药，或对 MRSA 携带者、粒细胞缺乏伴发热患者的常规用药。③此类药物具一定肾、耳毒性，用药期间应定期复查尿常规与肾功能，监测相关指标。④对于有用药指征的肾脏损伤患者及老年、小孩、新生儿、早产儿原有肾、耳疾病患者，在使用该药时，必须根据情况调整药量，并监测相关指标，治疗时长一般不超过 14 天。⑤妊娠期患者应避免应用此类药物，确有指征应用时，需进行血药浓度监测，据此调整给药方案。哺乳期患者用药期间应暂停哺乳。⑥避免将此类药物和其他具有潜在的肾脏毒性的药物合用。⑦与麻醉药合用时，可能引起血压下降。必须合用时，两药应分瓶滴注，并减缓万古霉素的滴注速度，注意观察血压。

十二、抗结核分枝杆菌和非结核分枝杆菌药

此类药物主要包含异烟肼、利福平、乙胺丁醇、吡嗪酰胺、对氨基水杨酸，还有两种复合型制剂：异烟肼 – 利福平 – 吡嗪酰胺（卫非特）和异烟肼 – 利福平（卫非宁）。

（一）异烟肼

异烟肼针对各种结核分枝杆菌具备出色的抗菌能力，在目前的结核病治疗方案中，它的效果显著，而且不会影响到其他类型的菌群。

在使用此药物时，应该特别注意：①此药物与乙硫异烟胺、吡嗪酰胺、利福平等抗结核分枝杆菌药物合用时会增加此类药物的肝毒性，用药期间应密切观察患者有无肝炎的前驱症状，并定期监测肝功能，避免饮含酒精饮料。②此药物可能会导致周围神经炎，服药期间患者若出现轻度手脚发麻、头晕等反应可使用维生素 B_1 或维生素 B_6。如果症状非常严重，应立刻停药。③妊娠期患者确有应用指征时，必须充分权衡利弊后决定是否应用。哺乳期患者用

药期间应停止哺乳。

（二）利福平

利福平对结核分枝杆菌和部分非结核分枝杆菌均具抗菌作用。结合使用其他抗结核分枝杆菌药物，可以有效地治疗由结核分枝杆菌引起的各种肺结核及肺外结核，同时也可以用于非结核分枝杆菌所致疾病的治疗。

在使用此药物时，应该特别注意：①对此药物过敏者禁用。②服药期间，必须定期检查周围血常规及肝功能，肝病患者、有黄疸史和乙醇中毒者慎用此类药物。③服药期间不得喝酒。④妊娠期患者确有应用指征时应充分权衡利弊后决定是否应用，妊娠早期患者应避免使用。哺乳期患者用药期间应停止哺乳。⑤为了保证安全，建议 5 岁及更低年龄段的儿童不使用此类药物。⑥患者服药期间大小便、唾液、痰液、泪液等可呈红色。

（三）乙胺丁醇

联合使用乙胺丁醇和其他抗结核分枝杆菌药物，可以有效地治疗由结核分枝杆菌引起的各种肺结核及肺外结核，同时也可以用于非结核分枝杆菌所致疾病的治疗。

在使用此药物时，应该特别注意：①对此药物过敏者禁用。②球后视神经炎为此药物的主要不良反应，尤其在疗程长、每日剂量超过 15 mg/kg 的患者中发生率较高。用药前和用药期间应每日检查视野、视力、红绿鉴别力等。一旦出现视力障碍或下降，应立即停药。③用药期间监测血清尿酸，特别要注意痛风患者的情况。④妊娠期患者确有应用指征时应充分权衡利弊后决定。哺乳期患者用药期间应停止哺乳。⑤不建议 13 岁及更小的儿童使用此药物。

（四）吡嗪酰胺

吡嗪酰胺可以有效地抵抗异烟肼耐药菌株，并且可以与其他抗结核分枝杆菌药物联合使用，以治疗各种类型的肺结核和肺外结核。它通常在 2 个月的强化治疗期间使用，是短期治疗的重要组成部分。

在使用此药物时，应该特别注意：①对此药物过敏者禁用。②肝功能减退患者不宜应用，患有肝脏疾病、显著营养不良和痛风的患者慎用。③服药期间应避免日光，因其可引起光敏反应或日光皮炎。一旦发生光敏反应，应立即停药。④糖尿病患者服用本药后血糖较难控制，应注意监测血糖，及时调整降糖药的用量。

（五）对氨基水杨酸

对氨基水杨酸为二线抗结核分枝杆菌药物，需与其他抗结核分枝杆菌药物联合应用。静脉滴注可用于治疗结核性脑膜炎或急性播散性结核病。

在使用本药物时，应该特别注意：①咯血患者禁用此药。消化道溃疡及肝、肾功能障碍的患者必须慎重用药。而且大剂量用药（12 g）静脉滴注 2 ~ 4 h，有可能引发血栓性静脉炎，因此必须特别小心。②为了确保本药的有效性，静脉滴注液必须按照规范新鲜配制，同时要注意遮光，以免影响其有效性。③在使用本药的过程中，必须定期检查肝、肾脏功能，如果发生了肝功能损害或黄疸，则必须及时停止使用，同时采取相关的护理措施。此外，本药的大剂量使用可能影响肝脏凝血酶原的生成，因此必须补充维生素 K。④这种药物会导致一些不良症状，如结晶尿、蛋白尿、管型尿及血尿等，通过碱化尿液能够缓解对肾脏的刺激和毒性反应。

（六）异烟肼 – 利福平 – 吡嗪酰胺（卫非特）

本药适用于结核病短程化疗的强化期（即在起始治疗的 2 ~ 3 个月）使用，通常疗程为 2 个月，需要时也可加用其他抗结核分枝杆菌药物。

使用本药的注意事项参见利福平、异烟肼和吡嗪酰胺。

（七）异烟肼 – 利福平（卫非宁）

这种药物适用于治疗初期结核病，并且可以帮助非多重耐药结核病患者长期维护。

使用本药的注意事项参见利福平和异烟肼。

十三、抗麻风分枝杆菌药

（一）氨苯砜

氨苯砜是治疗麻风病的主要药物。但由于长期广泛使用，耐药病例不断增多，现已不单独使用，而是作为联合治疗方案中的主要药物。

在使用本药物时，应该特别注意：①有磺胺类药物过敏史、严重肝肾功能障碍、贫血、精神疾病的麻风病患者均禁用。②在治疗初期阶段，一些患者可能会出现轻微的贫血，因此需要给予必要的维生素 B_{12} 及补充铁剂。如果出现严重的贫血，应立即停药。对于缺乏葡萄糖 –6– 磷酸脱氢酶的患者，应谨慎使用这种药物。③极少数患者会出现发热、淋巴结肿大、黄疸和肝大等（氨苯砜综合征），预后不佳。

（二）氯法齐明

氯法齐明目前作为麻风病联合化疗的主要药物之一，常与利福平和氨苯砜联合应用。

本药物会导致皮肤色素沉着，当剂量较大时，尿液、汗水、眼泪和乳汁都会变成红色，内衣和床单也会被染红。

第二节　抗菌药物敏感性试验

抗菌药物敏感性试验（简称药敏试验）是一种用来评估细菌在体外对各种抗菌药物的敏感（或耐受）程度的试验，它能够帮助医生更好地了解细菌的耐药性，从而更有针对性地选择抗菌药物，并有效地预防和控制耐药菌的感染。

一、药敏试验的抗菌药物选择

临床微生物实验室在分离出病原体时，必须选择合适的抗菌药物和合适的方法进行药物敏感试验，抗菌药物的选择应遵循有关指南，并与医院内感染科，药事委员会和感染控制委员会的专家共同讨论决定。我国主要参照美国临床和实验室标准协会（CLSI）制定的抗菌药物选择原则对药物进行分组。A 组，包括对特定菌群的常规试验并常规报告的药物；B 组，包括一些临床上重要的，特别是针对医院内感染的药物，也可用于常规试验，但只是选择性地报告；C组，包括一些替代性或补充性的抗菌药物，在A、B组过敏或耐药时选用；U组，仅用于治疗泌尿道感染的抗菌药物；O组，对该组细菌有临床适应证但一般不允许常规试验并报告的药物。

药敏试验的折点遵照每年最新公布的CLSI标准进行。敏感（S）指当使用常规推荐剂量的抗菌药物进行治疗时，该抗菌药物在患者感染部位通常所能达到的浓度可抑制分离菌株的生长。中介（I）有下列几种不同的含义：①抗菌药物的MIC接近血液和组织中通常可达到的浓度，分离株的临床应答率可能低于敏感菌株。②根据药代动力学资料分析，若某药在某些感染部位被生理性浓缩（如喹诺酮类和β-内酰胺类药物通常在尿中浓度较高），则中介意味着该药常规剂量治疗该部位的感染可能有效；若某药在高剂量使用时是安全的（如β-内酰胺类药物），则中介意味着高于常规剂量给药可能有效。③在判断药敏试验结果时，中介意味着一个缓冲区，以防止一些小的、不能控制的技术因素导致的结果解释偏差，特别对某些毒性范围较窄的药物。耐药（R）指使用常规推荐剂量的抗菌药物治疗时，患者感染部位通常所能达到的药物浓度不能抑制菌株的生长；和（或）证明MIC或抑菌圈直径可能处于特殊的微生物耐药机制范围（如β-内酰胺酶），抗菌药物对菌株的疗效尚未得到临床治疗研究的可靠证实。2014年，CLSI首次在细菌药敏中提到剂量依赖性敏感（SDD）这个概念。根据SDD分类，患者对药物的敏感性取决于药物的剂量。如果药敏试验结果为SDD，为了达到临床疗效而采用的修正用药方案（例如高剂量、增加给药频率，或两者兼有）所达到的药物浓度，比设定敏感折点所使用的用药方案所达到的药物浓度高。非敏感性（NS）是一个特殊的分类，它仅适用于那些仅满足敏感性解释标准的分离株。当这些分离株的MIC值超过（或抑菌圈直径低于）敏感折点，就可以被认定为非敏感。然而，这并不意味着菌株携带了某种特定的耐药机制。

为了确保准确性，临床微生物实验室应当采取先进、方便的技术手段来进行常规的抗菌药物敏感试验。其中包含纸片扩散法、稀释法、浓度梯度法（E-试验法）等，稀释法又包括宏量肉汤稀释法、微量肉汤稀释法和琼脂液稀释法。

二、纸片扩散法

纸片扩散法又称Kirby-Bauer（K-B）法，是一种定性药敏试验，因其在抗菌药物的选择上具有灵活性，而且成本较低，因此受到世界卫生组织（WHO）的高度认可，并受到了普遍的应用。

（一）试验原理

将含有定量抗菌药物的纸片贴在已接种测试菌的琼脂平板上，纸片中所含的药物吸收琼脂中水分溶解后不断向纸片周围扩散形成递减的梯度浓度，在纸片周围抑菌浓度范围内测试菌的生长被抑制，从而形成无菌生长的透明圈即为抑菌圈。抑菌圈的大小反映测试菌对测定药物的敏感程度，并与该药对测试菌的MIC呈负相关。

（二）药敏纸片和培养基

1. 药敏纸片

选择直径 6.35 mm，厚度 1 mm，吸水量为 20 μL 的专用药敏纸片，用逐片加样或浸泡方法使每片含药量达规定含量。含药纸片密封贮存在 2 ~ 8 ℃环境或密封贮存在 –20 ℃的无霜冷冻箱，β– 内酰胺类药敏纸片应冷冻贮存，且不超过 1 周。使用前将贮存容器移至室温平衡 1 ~ 2 h，避免开启贮存容器时产生冷凝水。

2. 培养基

CLSI 使用的 M–H 培养基是兼性厌氧菌和需氧菌药敏试验标准培养基，其 pH 值范围为 7.2 ~ 7.4，对于营养要求高的细菌需要加入补充物质，例如流感嗜血杆菌、淋病奈瑟菌、链球菌等。琼脂厚度为 4 mm ± 0.5 mm。配制琼脂平板应当天使用或置于塑料密封袋中 4 ℃条件下保存，使用前将平板置于 35 ℃环境下培养 15 min，同时使其表面干燥。

（三）实验方法

实验菌株和标准菌株接种采用直接菌落法或细菌液体生长法。用 0.5 麦氏比浊管校正菌液浓度，校正后的菌液应在 15 min 内接种完毕。

接种步骤：①用无菌棉拭子蘸取菌液，在管内壁将多余菌液旋转挤去后，在琼脂表面均匀涂抹接种 3 次，每次旋转平板 60°，最后沿平板内缘涂抹 1 周。②平板置室温下干燥 3 ~ 5 min，用纸片分配器或无菌镊子将含药纸片紧贴于琼脂表面，纸片间距至少 24 mm，纸片距平板内缘至少 15 mm，纸片贴上后不可再移动，因为抗菌药物会自动扩散到培养基内。③置于 35 ℃环境下培养 16 ~ 18 h，观察结果。对苯唑西林和万古霉素敏感等应培养 24 h。

（四）结果判断和报告

用游标卡尺或直尺量取抑菌圈直径（抑菌圈的边缘应是无明显细菌生长的区域）。先量取质控菌株的抑菌圈直径，以判断质控是否合格，然后量取试验菌株的抑菌圈直径。根据 CLSI 标准，对量取的抑菌圈直径做出"敏感""耐药"和"中介"的判断。

三、稀释法

通过药敏试验折点信息，我们能够确定某些细菌对抗菌药物的敏感性水平和耐药性水平。折点信息可以用两个数据表示：最低抑菌浓度（MIC）（mg/L 或 μg/mL），以及抑菌圈直径（mm）。MIC 指抑制细菌可见生长的最低药物浓度。

目前，药敏试验折点主要包括 3 种：微生物学折点、药代动力学 / 药效动力学（PK/PD）折点、临床折点。微生物学折点用于区分野生株菌群和获得性或选择性耐药菌群，此折点的数据来源是中至大样本量并足以描述野生株菌群的体外 MIC 数据。野生型菌株指不携带任何针对测试药物或与测试药物有相同作用机制的药物的获得性或选择性耐药的菌株。PK/PD 折点通过药效学理论和能预测药物体内活性的药效学参数计算出药物浓度，此数据来源于动物模型并通过数学或统计学方法推广至人体。临床折点用于区分预后良好的感染病原菌和治疗失败的感染病原菌，此折点数据来源于感染患者的前瞻性临床研究，通过比较不同 MIC 病原菌的临床预后得出，当判断结果为敏感时，临床或细菌学的有效率若能在 80% 以上，则上述敏感折点即可作为最终确认的敏感折点。折点制定组织制定的折点综合考虑以上 3 种折点而得出。

设定折点需要 5 个方面的数据：①大样本量菌株 MIC 分布和野生株的流行病学界值。②体外耐药标志，包括表型和耐药基因型。③动物实验和人体研究的 PK/PD 数据。④通过高质量前瞻性临床研究获得的病原菌 MIC 值与临床预后关系的数据。⑤给药剂量、途径、临床适应证和目标菌株。CLSI 新文件已经在折点旁边注明了给药方案。

（一）肉汤稀释法

1. 培养基

使用 M–H 肉汤，这种培养基能够有效地支持需氧菌和兼性厌氧菌的生长。添加适量的辅助物质也能够支持流感嗜血杆菌和链球菌的繁殖。培养基制备完毕后，将 pH 值调节为 7.2 ~ 7.4（25 ℃）。离子校正的 M–H 肉汤（CAMHB）是目前被广泛用于药物敏感性试验的培养液。

2. 药物稀释

（1）抗菌药物原液的配制

各种抗菌药物的溶剂和稀释剂要根据药物性能选择蒸馏水、不同 pH 值的磷酸盐缓冲液等。配制时需用的粉剂质量或溶剂剂量用以下公式计算：

质量（mg）＝体积（mL）× 浓度（μg/mL）/ 药物效价（μg/mg）。

体积（mL）＝质量（mg）× 药物效价（μg/mg）/ 浓度（μg/mL）。

（2）抗菌药物稀释液的配制

以药物原液为基础进行 2 倍系列稀释。

3. 菌种接种

配制 0.5 麦氏标准菌液，用肉汤（宏量稀释法）、蒸馏水或生理盐水（微量稀释法）稀释菌液，使最终菌液浓度（每管或每孔）为 5×10^5 cfu/mL，稀释菌液于 15 min 内接种完毕，35 ℃环境下培养 16 ~ 20 h。试验菌为嗜血杆菌属、链球菌属，培养时间为 20 ~ 24 h，葡萄球菌和肠球菌对苯唑西林和万古霉素的药敏试验应培养 24 h。

4. 结果判断

读取试管内或小孔内的 MIC（μg/mL）。微量稀释法时，常借助比浊计判别是否有细菌生长。

（二）琼脂稀释法

琼脂稀释法是将药物混匀于琼脂培养基中，配制含不同浓度药物平板，使用多点接种器接种细菌，经培养后观察细菌生长情况，以抑制细菌生长的琼脂平板所含药物浓度测得 MIC。

1. 培养基

M–H 琼脂是用于细菌药敏试验的理想培养基，其 pH 值应该保持在 7.2 ~ 7.4，若 pH 值偏离正常范围，将降低试验结果的准确性。

2. 含药琼脂制备

将已稀释的抗菌药物按 1：9 加入在 45 ~ 50 ℃水浴中平衡融化的 M–H 琼脂，充分混合后倾入平皿，琼脂厚度为 3 ~ 4 mm。室温凝固后的平皿装入密闭塑料袋中，置于 2 ~ 8 ℃环境，贮存时间为 5 d，对易降解药物如头孢克洛，在使用 48 h 之内制备平板，使用前应在室温中平衡，放于温箱中 30 min 使琼脂表面干燥。

3. 细菌接种

用 0.5 麦氏标准（1.5×10^8 cfu/mL）的菌液进行 10 倍的稀释，然后用多点接种器从培养基中抽取 1 ~ 2 μL，在琼脂上进行接种，15 min 内接种完毕，最终的平皿接种菌量是 1×10^4 cfu/ 点。接种后置于 35 ℃环境下培养 16 ~ 20 h，某些特殊药物需培养 24 h。将奈瑟菌属和链球菌属置于含 5% CO_2 的环境中培养，幽门螺杆菌置于微需氧环境中培养。

4. 结果判断

将平板置于暗色、无反光表面上判断试验终点，以抑制细菌生长的药物稀释度为终点浓度。

四、E– 试验法

E– 试验法是一种结合稀释法和扩散法原理对抗菌药物药敏试验直接定量的药敏试验技术。

（一）原理

E 试条是一条 5 mm × 50 mm 的无孔试剂载体，一面固定有一系列预先制备的、浓度呈连续指数增长的稀释抗菌药物，另一面有读数和判别的刻度。

将 E 试条放在细菌接种过的琼脂平板上，经培养过夜，围绕试条明显可见椭圆形抑菌圈，其边缘与试条交点的刻度即为抗菌药物抑制细菌的最低抑菌浓度。

（二）培养基

需氧菌和兼性厌氧菌：M–H 琼脂。

耐甲氧西林金黄色葡萄球菌 / 耐甲氧西林表皮葡萄球菌：M–H 琼脂 +2% NaCl。

肺炎链球菌：M–H 琼脂 +5% 脱纤维羊血。

厌氧菌：布氏杆菌血琼脂。

（三）细菌接种

对于常见需氧菌和兼性厌氧菌，使用厚度为 4 mm 的 M–H 琼脂平板，用 0.5 麦氏标准的对数期菌液涂布，待琼脂平板完全干燥，用 E– 试验加样器或镊子将试条放在已接种细菌的平板表面，试条全长应与琼脂平板紧密接触，试条 MIC 刻度面朝上，浓度最大处靠平板边缘。

（四）结果判断和报告

读取椭圆环与 E– 试验试条的交界点值，即为 MIC。

五、联合药物敏感试验

（一）联合药物敏感试验意义

体外联合药敏试验的目的包括：①治疗混合性感染。②有效预防或延缓细菌耐药性的产生。③通过联合药物，可以有效降低药物剂量，从而避免出现毒性反应。④对于某些耐药性较强的感染，联合用药的疗效更佳。

使用抗菌药物联合治疗可能会产生 4 种不同的效果：①无关作用，两种药物联合的效力与它们的单独效力相当。②拮抗作用，两种药物联合的效力明显低于它们的单独效力。③累加作用，两种药物联合的效力相当于它们的单独效力的总和。④协同作用，两种药物联合的疗效明显超过它们单独的疗效。

（二）联合抑菌试验

棋盘稀释法是目前临床实验室常用的定量方法。首先分别测定拟联合的抗菌药物对检测菌的 MIC。根据所得 MIC，确定药物稀释度（一般为 6 ~ 8 个稀释度），药物最高浓度为其 MIC 的 2 倍，依次对倍稀释。两种药物的稀释分别在方阵的纵列和横列进行，这样在每管（孔）中可得到不同浓度组合的两种药物混合液。接种菌量为 5×10^5 cfu/mL，于 35 ℃环境下培养 18 ~ 24 h 观察结果。计算部分抑菌浓度（FIC）指数。

FIC 指数 =A 药联合时的 MIC/A 药单测时 MIC+B 药联合时的 MIC/B 药单测时 MIC。

FIC 指数 ≤ 0.5 为协同作用；0.5 ~ 1.0 为相加作用；1.0 ~ 2.0 为无关作用；＞ 2.0 为拮抗作用。

第三节　细菌耐药性检测

检测细菌耐药性的方法包括分析它们的表型和基因型。细菌耐药表型可通过抗菌药物体外敏感性试验的结果进行推测，亦可通过检测耐药基因的产物，如耐药酶（超广谱 β– 内酰胺酶）的存在与否进行检测。

一、细菌耐药表型检测

（一）β– 内酰胺酶检测

1. 原理

β– 内酰胺酶是多种不同类型的以 β– 内酰胺类抗菌药物为底物的降解酶，通过水解 β– 内酰胺环可造成 β– 内酰胺类抗菌药物失去活性，其水解率是细菌耐药性的主要决定因素。快速 β– 内酰胺酶检测试验是检测产 β– 内酰胺酶的肠球菌的唯一可靠试验，比 MIC 试验能更早地提供临床相关结果。快速检测该酶有下列方法。

（1）头孢硝噻吩试验

如果被检测的细菌产生 β– 内酰胺酶，头孢硝噻吩的 β– 内酰胺环就会被 β– 内酰胺酶水解，导致基质从黄色变为红色。

（2）青霉素纸片扩散法抑菌圈 – 边缘试验

某些产 β– 内酰胺酶的葡萄球菌检测时对青霉素敏感。由于葡萄球菌 β– 内酰胺酶极易被诱导，如用青霉素治疗这些菌株时有诱导产生 β– 内酰胺酶的危险。因此推荐对于青霉素 MIC ≤ 0.12 μg/mL 或者抑菌圈直径 ≥ 29 mm 的葡萄球菌在报告对青霉素敏感前应检测 β– 内酰胺酶。

（3）苯唑西林或头孢西丁诱导试验

一些产 β– 内酰胺酶的葡萄球菌在药物敏感试验中对青霉素敏感。如果使用青霉素治疗该类葡萄球菌感染，很容易诱导出 β– 内酰胺酶，存在治疗风险。故青霉素对葡萄球菌的 MIC ≤ 0.12 μg/mL 或者抑菌圈直径 ≥ 29 mm 时，应该对其进行可诱导 β– 内酰胺酶的检测。

（4）碘试验

β– 内酰胺酶破坏 β– 内酰胺环，碘与被打开的 β– 内酰胺环结合，使蓝色的淀粉 – 碘复合物转变成无色。

（5）酸度法

β– 内酰胺酶可以分解青霉素的 β– 内酰胺环，从而产生青霉噻唑酸，这种物质会导致 pH 值下降，导致溴甲酚紫指示剂从紫色变为黄色。

2. 检测方法

（1）头孢硝噻吩试验

方法一：将 10 mg 头孢硝噻吩溶解于 1 mL 的二甲基亚砜中，再加入 0.1 mol/L 磷酸盐缓冲液（pH 值为 7.0），1 : 20 稀释，最后浓度为 500 μg/mL，溶液呈黄色或淡橙色，保存在 4 ~ 10 ℃环境，可用数周。取该溶液 0.05 mL 置于微量稀释板凹孔中或小试管中，挑取被试菌落，制成浓厚悬液，与凹孔中基质液混合，室温培育 10 ~ 30 min。头孢硝噻吩由黄色变成红色为阳性，若显色不明显，可延长观察 6 h。

方法二：测试时用 1 滴无菌水将头孢硝噻吩纸片湿润，将受试菌直接涂于湿润后的头孢硝噻吩纸片，可观察其颜色反应。产生红色者为产酶阳性。

（2）青霉素纸片扩散法抑菌圈 – 边缘试验

使用标准的纸片扩散法，于 M–H 琼脂平板中央贴 10 U 青霉素纸片，置于 35 ℃ ±2 ℃环境培养 18 ~ 24 h 观察结果。若抑菌圈边缘锐利清晰，提示菌株 β– 内酰胺酶阳性；抑菌圈边缘模糊，提示菌株 β– 内酰胺酶阴性。

（3）苯唑西林或头孢西丁诱导试验

使用标准的纸片扩散法，于 M–H 琼脂平板中央贴 10 U 青霉素纸片，置于 35 ℃环境培养 18 ~ 24 h 观察结果。若抑菌圈边缘锐利清晰，提示菌株 β– 内酰胺酶阳性；抑菌圈边缘模糊，提示菌株 β– 内酰胺酶阴性。

（4）碘试验

用 pH 值为 6.0 的磷酸盐缓冲液配制青霉素悬液 6 000 μg/mL，取该液 0.1 mL 置于微量稀释板凹孔中，接种待测细菌，于室温条件下静置 1 h（或 35 ℃环境培养 35 min）。加淀粉液 2 滴，再加碘液 1 滴混合，立即观察颜色变化。加入碘液后立即出现蓝色，如 10 min 内蓝色消失，提示 β– 内酰胺酶阳性。

（5）酸度法

将一小片沃特曼滤纸放于空平皿中，吸足青霉素溶液（0.05M，pH 值为 8.0 的磷酸缓冲液 +0.2% 溴甲酚紫 +5% 无缓冲剂的结晶青霉素），接种 10 ~ 20 个菌落到滤纸上，盖好平皿，于 35 ℃环境孵育 30 min，观察结果。若滤纸由紫色变成黄色，提示 β– 内酰胺酶阳性。

（二）超广谱 β – 内酰胺酶检测

1. 原理

超广谱 β– 内酰胺酶（ESBLs）是指由质粒介导的能水解所有青霉素类、头孢菌素类和单环 β– 内酰胺类氨曲南的一类酶，主要由克雷伯菌、肠杆菌等细菌产生。ESBLs 不能水解头霉素类和碳青霉烯类药物，能被克拉维酸、舒巴坦和他唑巴坦等 β– 内酰胺酶抑制剂所抑制。根据 ESBLs 可被克拉维酸抑制的特性可检测 ESBLs，主要有纸片扩散法、肉汤稀释法和 E– 试验法等。

2. 检测方法

（1）纸片扩散法

初筛试验：任意一项药物抑菌圈直径达到以下标准，提示菌株可能产 ESBLs。头孢泊肟（10 μg/ 片）抑菌圈直径 ≤ 17 mm、头孢他啶（30 μg/ 片）≤ 22 mm、氨曲南（30 μg/ 片）≤ 27 mm、头孢噻肟（30 μg/ 片）≤ 27 mm、头孢曲松（30 μg/ 片）≤ 25 mm。针对奇异变形杆菌，抑菌圈直径达到以下任何一项，提示可能产 ESBLs。头孢泊肟 ≤ 22 mm、头孢他啶 ≤ 22 mm、头孢噻肟 ≤ 27 mm。

确证试验：使用每片含 30 μg 头孢他啶、头孢噻肟纸片和头孢他啶 / 克拉维酸(30 μg/10 μg)、头孢噻肟 / 克拉维酸（30 μg/10 μg）复合纸片进行试验，其中任一种的抑菌圈直径大于或者等于其单独药物纸片抑菌圈直径 5 mm，即可确定待检菌株产 ESBLs。

（2）肉汤稀释法

初筛试验：对于肺炎克雷伯菌、产酸克雷伯菌和大肠埃希菌，在任何一种高于或等于下述药物浓度条件下生长，提示菌株可能产 ESBLs。头孢泊肟 4 μg/mL、头孢他啶 1 μg/mL、氨曲南 1 μg/mL、头孢噻肟 1 μg/mL、头孢曲松 1 μg/mL。对于奇异变形杆菌，药物浓度条件为头孢泊肟 1 μg/mL、头孢他啶 1 μg/mL、头孢噻肟 1 μg/mL。试验时使用一种以上药物可以提高检测灵敏度。

确证试验：同时使用头孢他啶 0.25 ～ 128.00 μg/mL、头孢他啶 / 克拉维酸 0.25/4 ～ 128/4 μg/mL 和头孢噻肟 0.25 ～ 64.00 μg/mL、头孢噻肟 / 克拉维酸 0.25/4 ～ 64/4 μg/mL 进行试验，当两个组合中任何一组与克拉维酸复合药物组比单独药物组的 MIC 降低 3 个或 3 个以上对倍稀释度，则可确证该菌株产 ESBLs。

（3）E– 试验法

操作步骤同常规 E– 试验法，使用头孢他啶、头孢曲松、头孢噻肟或氨曲南（两种以上）等常规试条，凡 MIC ≥ 2 μg/mL，即高度怀疑菌株产 ESBLs，应进一步做确证试验来加以确认。

现有两种 E– 试验的 ESBLs 确证试条，分别为头孢他啶及头孢他啶加克拉维酸、头孢噻肟及头孢噻肟加克拉维酸。试条两端含有梯度浓度抗菌药物，其中一端含头孢他啶（或头孢噻肟），另一端含头孢他啶 / 克拉维酸（或头孢噻肟 / 克拉维酸）。

当与克拉维酸联合药物组的 MIC 小于或等于单独药物组 MIC 3 个倍比稀释度时（或比值 ≥ 8），可确证该菌株产 ESBLs。

（三）AmpC 酶的检测

1. 原理

AmpC 酶是一种特殊的 I 型 β– 内酰胺酶，其特性使其具有水解头孢菌素的功效。其活性不受克拉维酸抑制，但受氯唑西林、硼酸等药物的抑制。可通过头孢西丁三维试验，利用 AmpC 酶可以水解头孢西丁的原理检测。

2. 检测方法

将标准菌株大肠埃希菌 ATCC 25922 按常规药敏纸片 K–B 法操作均匀涂布于 M–H 平板，在平板中心贴一片头孢西丁（30 μg/ 片）纸片，在距纸片边缘 1 cm 处，用无菌手术刀片切 3 cm 长度的小槽，将待测菌株的 6 个菌落接种于槽内（勿溢出槽外），于 35 ℃环境下孵育 18 ～ 24 h，观察结果。若抑菌圈向内凹陷，即 AmpC 酶阳性。

（四）碳青霉烯酶检测

1. 原理

碳青霉烯酶具有水解碳青霉烯类抗菌药物的功效，其主要分布于 β– 内酰胺酶 A、B、D 类。其中 B 类为金属碳青霉烯酶，这类酶以金属锌离子为水解活性作用位点，可以被乙二胺四乙酸（EDTA）抑制；A、D 类水解时则是以丝氨酸为酶的活性作用位点，可以被克拉维酸和他唑巴坦所抑制。A 类中的肺炎克雷伯菌耐碳青霉烯酶（KPC）和 B 类中的新德里金属 β– 内酰胺酶（NDM）代表了具有重要临床意义的碳青霉烯酶。

使用常规纸片扩散法，当待检菌抑菌圈直径处于以下范围，提示待检菌株可能产碳青霉烯酶：厄他培南 19 ～ 21 mm、美罗培南 16 ～ 21 mm。或使用微量肉汤试验的 MIC 处于以下范围，提示待检菌株可能产碳青霉烯酶：厄他培南 2 μg/mL、亚胺培南 2 ～ 4 μg/mL、美罗培南 2 ～ 4 μg/mL。进一步进行确证试验主要有以下两种，EDTA 协同试验和改良 Hodge 试验。

2. 检测方法

（1）EDTA 协同试验

按照纸片扩散法的操作，用 0.5 麦氏单位的待检菌悬液涂布 M–H 平板，待干后贴亚胺培南（10 μg）纸片，在距离该纸片 1 cm 处贴一个空白纸片，上面滴加 0.5 mol/L 的 EDTA 溶液 4 μg，于 35 ℃环境下过夜培养。如亚胺培南抑菌圈在靠近 EDTA 纸片侧明显扩大，提示待测细菌产金属酶。

（2）改良 Hodge 试验

用无菌生理盐水将大肠埃希菌 ATCC 25922（指示菌）菌悬液调至 0.5 麦氏标准，进行 1∶10 稀释，将菌液接种在 M–H 琼脂平板上。待平板干燥后，在其中心贴 10 μg 厄他培南或美罗培南纸片，再用 1 μL 接种环挑取 3 ～ 5 个待检菌株从平板中心纸片边缘向平板边缘划线接种，长度 20 ～ 25 mm，于 35 ℃环境下孵育 16 ～ 20 h，观察结果。若在待检菌株与大肠埃希菌抑圈交汇处大肠埃希菌生长增强，则待检菌产碳青霉烯酶。

二、细菌耐药基因型检测

具有耐药基因的细菌获得耐药性，可以通过细菌间外源性基因的传播或者自身基因的突变引起。

（一）原理

细菌携带的耐药基因表达，表现为对相应的抗菌药物的耐药性，因而可用基因试验方法检测细菌的耐药基因，从而判断待检菌株是否为耐药株。

目前临床可检测的耐药基因主要有：葡萄球菌与甲氧西林耐药有关的 *mecA* 基因；肺炎链球菌与青霉素耐药有关的 *pbp* 基因；大肠埃希菌与 β- 内酰胺类耐药有关的 *blaTEM*、*blaSHV*、*blaOXA* 基因；肠球菌与万古霉素耐药有关的 *vanA*、*vanB*、*vanC*、*vanD* 基因，与红霉素耐药有关的红霉素甲基化酶 *erm* 基因，泵出基因 *mefA*、*mefE* 和 *msrA* 等，喹诺酮类药物耐药常与 *gyr* 和 *par* 基因突变有关。

（二）检测方法

1. PCR 扩增

扩增目标 DNA，可使用琼脂糖电泳、探针杂交技术或 DNA 序列测定确定扩增片段。

2. PCR-RFLP 分析

PCR-RFLP 分析即 PCR- 限制性片段长度多态性分析。将扩增后的 DNA 用特定的内切酶消化，产生不同长度的酶切片段，再经电泳，就可反映出基因组 DNA 碱基序列组成与已知耐药基因序列是否存在差异。

3. PCR-SSCP 分析

PCR-SSCP 分析即 PCR- 单链构象多态性分析。将扩增后的 DNA 变性成单链，然后电泳。单链氨基酸在聚丙烯酰胺凝胶电泳的迁移率与核苷酸的空间构型密切相关，若单链核苷酸的序列发生突变，甚至仅是单个碱基的变化，其空间构型都有可能不同，导致电泳迁移率也不同。

4. PCR- 线性探针分析

根据耐药基因片段大小，设计包含常见突变位点的不同寡核苷酸探针（R 探针），同时设计该基因的正常序列探针（S 探针），与待测菌株 PCR 扩增产物杂交并显影。若扩增产物与 S 探针杂交阴性，与 R 探针杂交阳性，则待检菌株为耐药株，反之为敏感株。

5. 生物芯片技术

由固定于各种支持介质上的高密度寡核苷酸分子、基因片段或多肽分子的微阵列组成生物芯片。带有荧光标记的靶分子与芯片上的探针分子结合后，可通过激光共聚焦荧光扫描或电荷偶联摄像机对荧光信号的强度变化进行检测，从而对杂交结果进行量化分析。

6. 自动 DNA 测序

PCR 扩增待测基因后，将扩增产物直接测序，可准确判断碱基突变的位点。

三、特殊耐药菌检测

在临床实践中，有许多细菌具有耐药性，而其中一些重要细菌的感染会对医生的治疗造成很大的困难，例如耐甲氧西林葡萄球菌、高水平氨基糖苷类耐药和万古霉素耐药肠球菌、耐青霉素肺炎链球菌、产超广谱 β- 内酰胺酶或碳青霉烯酶的肠杆菌科细菌等。

（一）原理

检测特殊耐药菌的方法有纸片扩散法、稀释法、E- 试验法和耐药基因检测等，原理参照前文相关内容。

（二）检测方法

1. 耐甲氧西林葡萄球菌

检测 *mecA* 基因或 *mecA* 基因所表达的蛋白（PBP2a）是检测葡萄球菌对甲氧西林耐药的最准确的方法。基于苯唑西林或头孢西丁的方法均可用于检测葡萄球菌 *mecA* 介导的耐药性。对 1 μg 苯唑西林纸片的抑菌圈直径 ≤ 10 mm 或 30 μg 头孢西丁纸片的抑菌圈直径 ≤ 21 mm，或其苯唑西林 MIC ≥ 4 μg/mL 或头孢西丁 MIC ≥ 8 μg/mL 的金黄色葡萄球菌或路邓葡萄球菌（路邓葡萄球菌不做苯唑西林纸片扩散法），和对 30 μg 头孢西丁纸片的抑菌圈直径 ≤ 24 mm 或苯唑西林 MIC ≥ 0.5 μg/mL 的凝固酶阴性葡萄球菌（路邓葡萄球菌除外）被称为耐甲氧西林葡萄球菌。检测耐甲氧西林葡萄球菌有头孢西丁纸片扩散法、苯唑西林琼脂稀释法、乳胶凝集试验检测 *PBP2a*、*mecA* 基因和 MRSA 显色培养基法等。

（1）苯唑西林或头孢西丁纸片扩散法

根据纸片扩散法药敏试验进行操作，以过夜琼脂平板的培养物制备待检菌悬液，调整至 0.5 麦氏管浓度。贴苯唑西林（1 μg/ 片）或头孢西丁（30 μg/ 片），在 33 ~ 35 ℃环境下孵育 16 ~ 18 h，之后量取抑菌圈直径。注意，试验温度不能高于 35 ℃。

（2）头孢西丁微量肉汤稀释法

使用含 4 μg/mL 头孢西丁的 CAMHB 培养基，接种 5×10⁴/孔待检菌悬液，在 33 ~ 35 ℃环境下孵育 16 ~ 20 h，之后读取 MIC。注意，试验温度不能高于 35 ℃。

（3）苯唑西林琼脂筛选法

将 M-H 琼脂补充 4%NaCl 和苯唑西林（6 μg/mL）倾注成平板，调整待检菌悬液为 0.5 号麦氏管浓度。使用 1 μL 接种环蘸取菌液，在平板上涂成直径 10 ~ 15 mm 的斑点。

或使用棉拭子蘸取菌液涂成类似大小斑点或划满平板 1/4 区，于 33 ~ 35 ℃环境下孵育 24 h，用透射光观察结果。发现 1 个菌落存在即提示耐甲氧西林。注意，试验温度不能高于 35 ℃。

2. 诱导型克林霉素耐药葡萄球菌

（1）D- 抑菌圈试验

本试验适用于对红霉素耐药并且对克林霉素敏感或中介的葡萄球菌和乙型溶血性链球菌。使用纸片琼脂扩散法。对于葡萄球菌，距 15 μg 红霉素纸片 15 ~ 26 mm 处放置 2 μg 克林霉素纸片进行检测；对于乙型溶血性链球菌，将 15 μg 红霉素纸片和 2 μg 克林霉素纸片贴在相邻的位置，纸片边缘相距 12 mm。观察结果显示靠近红霉素纸片一侧的克林霉素抑菌圈出现"截平"现象（称为 D- 抑菌圈），即提示诱导型克林霉素耐药，此菌株报告为克林霉素耐药。

（2）微量肉汤稀释法

使用 CAMHB 培养基，在同一孔内加 4 μg/mL 红霉素或 1 μg/mL 乙型溶血性链球菌，以及 0.5 μg/mL 克林霉素，按照标准肉汤微量稀释法操作。此方法仅适用于对红霉素耐药（MIC ≥ 8 μg/mL）且对克林霉素敏感或中介（MIC ≤ 2 μg/mL）的菌株。如果孔内细菌有生长，则为诱导型克林霉素耐药试验阳性，应报告克林霉素耐药。若无生长，诱导型克林霉素耐药阴性。

3. 高水平氨基糖苷类耐药和万古霉素耐药肠球菌

肠球菌对氨基糖苷类的耐药性有中度耐药和高度耐药，高水平氨基糖苷类耐药（HLAR）肠球菌对青霉素或糖肽类与氨基糖苷类联合用药呈现耐药。HLAR 检测方法包括纸片扩散法、琼脂稀释法和微量肉汤稀释法。

万古霉素常作为治疗肠球菌属感染的最后有效抗菌药物，对 30 μg 万古霉素纸片抑菌圈直径 ≤ 14 mm 或 MIC ≥ 32 μg/mL 的肠球菌被称为耐万古霉素肠球菌（VRE）。检测方法有脑心浸液琼脂（BHI）琼脂筛选法、E- 试验法和显色培养基法等。

（1）HLAR 纸片扩散法

将待检菌悬液调成 0.5 麦氏标准浓度，接种至 M–H 琼脂培养基，贴庆大霉素纸片（120 μg/ 片）或链霉素纸片（300 μg/ 片），在 35 ℃环境下孵育 16 ~ 18 h，量取抑菌圈直径。抑菌圈直径 6 mm 为耐药，7 ~ 9 mm 为不确定，大于 10 mm 为敏感。

（2）HLAR 微量肉汤稀释法

按照标准肉汤稀释法，使用含 500 μg/mL 庆大霉素或 1 000 μg/mL 链霉素的 BHI 肉汤，接种待检菌悬液，在 35 ℃ ±2 ℃环境下孵育 24 h，观察结果。如果孔内细菌有生长，则为耐药。

（3）HLAR 琼脂稀释法

将 10 μL 的 0.5 麦氏浊度菌悬液接种在含 500 μg/mL 庆大霉素或 2 000 μg/mL 链霉素的 BHI 琼脂平板表面，在 35 ℃ ±2 ℃环境下孵育 24 h，观察结果。观察到存在菌落，即提示耐药。链霉素试验若孵育 24 h 结果阴性，再孵育 24 h 观察结果。

（4）万古霉素 BHI 琼脂筛选试验

将 1 ~ 10 μL 的 0.5 麦氏浊度菌悬液接种在含 6 μg/mL 万古霉素的 BHI 琼脂平板表面，或用棉拭子浸入菌悬液中蘸取菌液，在液面上方挤去多余菌液，于试验平板上涂成直径 10 ~ 15 mm 的斑点或在部分区域划线接种，在 35 ℃ ±2 ℃环境下孵育 24 h，观察结果。观察到存在菌落，即提示耐药。

4. 耐青霉素肺炎链球菌

对 1 μg 苯唑西林纸片抑菌圈直径 ≥ 20 mm 的肺炎链球菌对青霉素敏感（MIC ≤ 0.06 μg/mL）。抑菌圈直径 ≤ 19 mm 可发生在青霉素耐药、中介或某些敏感菌株中。当肺炎链球菌对 1 μg 苯唑西林纸片的抑菌圈直径 ≤ 19 mm 时，应测定青霉素 MIC，以确定其是否为青霉素不敏感株，以及鉴别其为青霉素中介耐药肺炎链球菌或耐青霉素肺炎链球菌。

5. 产超广谱 β- 内酰胺酶的肠杆菌科细菌

根据 ESBLs 可被克拉维酸抑制的特性可设计多种检测 ESBLs 的方法。可采用纸片扩散法、微量肉汤稀释法进行初筛和确证试验，也可使用专门的 E 试条进行 ESBLs 的表型确证试验。除此之外，双纸片协同试验、三维试验和显示培养法等也可检测 ESBLs。

6. 产碳青霉烯酶的肠杆菌科细菌

进行改良 Hodge 试验可以确认待检肠杆菌科细菌是否为产碳青霉烯酶表型。此方法适用于厄他培南抑菌圈直径 19 ~ 21 mm，美罗培南抑菌圈直径 16 ~ 21 mm，对一种或多种第三代头孢菌素耐药（头孢哌酮、头孢噻肟、头孢他啶、头孢唑肟和头孢曲松）的肠杆菌科细菌。

先在 M-H 平板表面涂布大肠埃希菌 ATCC 25922，在平板中心贴上厄他培南或美罗培南纸片，再用接种环将待测菌和质控菌株从纸片边缘向平皿边缘划出直线，次日观察结果。菌株划线与抑菌圈交叉部分周围出现增强生长即提示产碳青霉烯酶阳性。

第四章 临床常见标本的微生物学检验

第一节 临床常见标本的微生物学检验概述

一、临床标本的采集原则

（一）尽早采集

为了获得更准确的结果，建议在疾病早期和急性期采集首份样本；尽量在抗菌药物使用之前采集；对已用抗菌药物又不能停药者，可在下次用药前采集。

（二）采集部位合适

为了保证无菌标本的准确性，必须严格遵守消毒程序和无菌操作原则。如果标本来自与外界相通的腔道，则应避免接触腔道口，以防止正常菌群污染，导致混淆和误诊。如果标本来自有正常菌群寄生的部位，则应特别小心。首先要确定检测的目的菌，然后使用特定的选择性培养基进行分离培养。在采集血培养标本时，应尽量避免输液的影响。

（三）遵循无菌原则

采集的标本均应盛于无菌容器内送检。盛装标本的容器须经高压、煮沸、干热等物理方法灭菌，或使用一次性无菌容器，不能用消毒剂或酸类处理。标本中也不得添加防腐剂，以免影响准确性。

（四）标本适量

标本采集应足量，标本量过少可能会导致假阴性结果。标本应具有代表性，同时有些标本还要注意在不同时间采集不同部位标本。

血液标本：通常成人采血量每瓶 8 ~ 10 mL，儿童每瓶 1 ~ 5 mL。

脑脊液、骨髓、脓液、穿刺液、引流液、痰液等标本：不少于 1 mL。

尿液标本：不少于 3 mL。

粪便标本：1 ~ 3 g 或 1 ~ 3 mL。

（五）方法合适

根据菌种的特征，须采用不同的技术手段来收集。

用于厌氧菌培养的临床标本，应尽量用注射器抽吸采集，一般不用拭子采集（除非在床边采样并立即接种）；采集到的厌氧标本应室温保存，避免冷藏或冷冻。有些细菌引起的感染，需在特定时间采集特定部位标本，否则影响细菌的检出率。如伤寒患者，发病第 1 周应采集血液标本，第 2 周应采集粪便和尿液标本。以拭子采集的标本，如咽拭子、肛拭子或伤口拭子，易受正常菌群污染，不可置于肉汤培养基送检。

（六）安全采集

采集标本时不仅要防止皮肤和黏膜正常菌群对标本的污染，也要注意安全，防止传播和自身感染。

采集标本的所有步骤都必须戴手套、穿工作服，必要时应穿隔离服，戴防护口罩、防护眼镜。

采集到的原始标本应采用防漏、可密封的无菌管或杯盛装，外加可密封的防漏塑料袋，塑料袋上需注明标本的相关信息。标本采集所用的带针头的注射器不可随意丢弃，其内容物应移至无菌管内或用保护性装置移去针头，再重新盖上盖，置于密封、防漏的塑料袋内送检。

有泄漏的标本容器不能送至实验室或随意处理。如果要继续进行处理，必须通知医生关于容器泄漏的情况，解释如继续操作可能对结果带来偏差，并要求重新送检。如果重新送了标本，则对泄漏的标本应进行高压灭菌后丢弃；若无法重新送检标本，使用原来的标本进行检验，则必须在生物安全柜内操作。

二、培养基及培养方法的选择

选择适宜的培养基和适当的培养方法是成功分离病原菌的关键，应该根据标本的来源及可能存在的病原菌来确定培养基和培养方法。如果临床医生怀疑特殊病原菌感染，可根据其要求增加相应培养基种类。

三、临床标本微生物学检验步骤

应根据感染类型及感染病程的不同，采集不同的临床标本送检。除血液、骨髓标本需尽快放入全自动血培养仪或培养箱进行增菌培养外，其他类型标本应做以下处理。

（一）外观、性状观察

观察标本的颜色、气味、质地（是否黏稠、是否混浊、是否脓性、是否带血）等基本性状，初步确定标本能否反映感染部位的真实特征，是否适合做微生物学检验。

（二）涂片检查

细菌学检验中，形态学检查是一种基础检测方法，包括不染色标本检查法和染色标本检查法。直接涂片检查的目的有：①及早发现可能的病原菌。②评估细菌的种类和数量。③为临床早期经验性选用抗菌药物提供依据。④为选择培养基种类和培养方法提供参考。⑤判断标本质量是否适合用于培养。

1. 不染色标本检查

主要是检查细菌的动力，常用的方法有压滴法和悬滴法，用暗视野显微镜或普通光学显微镜观察。

2. 染色标本检查

根据检验目的、可能存在的可疑病原菌的不同，选择不同的染色方法。

（1）普通细菌

涂片，革兰氏染色后镜检，根据病原菌的染色性及镜下形态特征、排列方式可以得到初步结果。

（2）淋病奈瑟菌

涂片，革兰氏染色后镜检，若发现革兰氏染色阴性、凹面相对成双排列的球菌，存在于白细胞内或者白细胞外，可报告为"查见革兰氏阴性双球菌"，不能报告为"查见淋病奈瑟菌"，必须经过培养鉴定以后，方可报告为淋病奈瑟菌。

（3）结核分枝杆菌

将标本制作成厚涂片，进行抗酸染色后镜检，根据染色性及形态报告为"查见抗酸杆菌"或"未查见抗酸杆菌"。

（4）放线菌及诺卡菌

挑取黄色颗粒（硫黄样颗粒）或不透明的着色斑点，置于载玻片上，覆以盖玻片，轻轻挤压，置于高倍镜下观察其结构。如见中央为交织的菌丝，末端呈放射状排列，则揭去盖玻片，干燥后做革兰氏及弱抗酸染色并镜检。若革兰氏染色后中央菌丝呈阳性、四周菌丝呈阴性，而弱抗酸染色为阴性者，结果报告为"查见放线菌"；若革兰氏染色结果同上，但弱抗酸染色为阳性者，结果报告为"查见诺卡菌"。

（三）自动化设备检查

目前，绝大部分微生物实验室细菌的鉴定采用的是全自动或半自动的细菌鉴定仪。它根据微生物对各种生理条件（温度、pH 值、含氧量、渗透压）、生化指标（唯一碳氮源、抗生素、酶）等的代谢反应进行分析，并将结果转化成软件可以识别的数据，进行聚类分析，与已知的数据库进行比较，最终对未知微生物进行鉴定。

四、微生物学检验报告的基本原则

由于细菌生长有一定的周期，所以从对其分离培养，到鉴定及药物敏感试验完成，再到产生结果报告，通常需要 3 ~ 5 d。如遇到一些生长繁殖较缓慢的细菌，或疑难菌、少见菌，其检验报告时间会相应延长，这对感染性疾病的早期诊断及治疗极为不利。微生物实验室应经常与临床沟通交流，制订微生物学检验指标、危急值范围及标本周转时间（TAT）等相关工作交接流程。

危急值代表危及患者生命的极度异常的检验结果，如果不给予及时有效的治疗，患者将处于危险的状态。如果临床医生能及时得到检验信息，并迅速采取干预或治疗，即可能挽救患者的生命。出现了危急值，首先核查标本是否信息正确、是否有特殊状态、操作是否正确、仪器传输是否正常，确认仪器设备正常，确认该项目质控在控，复检标本，如结果与上次一致或误差在许可范围内，应在报告单上注明"已复查"。第一时间打电话报告临床科室，在报告结果时应询问护士标本采集是否正确，并要求接电话人复述一遍并立即转告值班医生或主管医生。

TAT 是指从标本采集开始到临床医生收到检验报告的时间。实验室应按照国家标准或行业标准，制定 TAT 制度，确保检验报告的及时性，为临床医生提供及时的检测和治疗信息。检验报告遵循危急值报告及分级报告制度，这也是医疗核心制度之一。

（一）危急值报告

微生物学检验的危急值范围包括血液（骨髓）/脑脊液培养阳性（有细菌生长）；无菌部

位标本革兰氏染色查见细菌；国家规定立即上报的法定传染病病原微生物。危急值报告的内容包括：检验日期、患者姓名、病区床号、检验项目、检验结果、复查结果、临床联系人、联系时间、报告人及备注等。

（二）分级报告

血液（骨髓）/脑脊液培养阳性结果采用分级报告制度。

1. 一级报告（初步报告）

如果发现有阳性的血液样本，要立即进行涂片和革兰氏染色，并报告给临床医生，包括：患者姓名、阳性血培养瓶类型、瓶数、报警时间、涂片革兰氏染色特性及形态。详细了解患者目前感染情况和抗菌药物使用情况并记录。此外，还应记录报告时间、接收报告者信息、报告者信息及是否复述结果。各单位可以根据自身医疗需求，决定是否基于涂片结果用培养液进行直接药敏试验。

2. 二级报告（补充报告）

第二天将初步鉴定结果汇报给医生。如进行直接药敏试验，应汇报药敏试验结果。

3. 三级报告（终报告）

报告应提供菌种名称、血培养阳性时间（以小时计算）和标准药敏试验结果等信息。

第二节　血液标本的微生物学检验

正常人血液是无菌的，如果从患者血液标本中培养出细菌，一般视为病原菌（排除采集标本或其他操作过程污染），提示有菌血症、败血症、心内膜炎等。血培养检测可以为临床进行血流感染和其他部位感染的诊断提供有力依据。快速、准确的血培养检测结果，对临床的治疗和患者的预后有着至关重要的作用。

一、血液标本的采集

（一）临床采样指征

可疑感染患者出现以下一种或几种特征时，可以考虑采集血培养标本：患者出现发热（$\geq 38\,℃$）或低温（$\leq 36\,℃$）和寒战；白细胞计数增多（计数$> 10.0 \times 10^9/L$，特别是有"核左移"时）或白细胞计数减少（计数$< 3.0 \times 10^9/L$）；有皮肤、黏膜出血；昏迷；多器官衰竭；血压降低；C反应蛋白升高；降钙素原（PCT）升高；$1,3-\beta-D-$葡聚糖（G试验）升高；突然发生的急性呼吸、体温等生命体征改变。只要具备其中之一，又不能排除细菌血流感染的，就应进行血培养。

（二）标本的采集

1. 采集方法

为防止皮肤、培养瓶口等对血培养造成污染，在穿刺前，应对皮肤和培养瓶口进行消毒并充分干燥，以降低假阳性的可能。

皮肤消毒：用75%乙醇擦拭静脉穿刺部位待干30 s以上，然后用1%～2%碘酊作用30 s或10%碘伏作用60 s，从穿刺点由内向外画圈消毒，再用75%乙醇由内往外脱碘，待乙醇挥发干燥后采血。

培养瓶消毒：用75%乙醇消毒橡皮塞，作用60 s，用无菌纱布或无菌棉签拭去橡皮塞表面剩余的乙醇，然后注入血液，轻轻颠倒混匀，防止血液凝固。特别注意，消毒液作用时间一定要足够。应避免采血管内空气注入厌氧血培养瓶，避免在静脉留置导管连接处（如肝素帽处）采集血标本，以防污染。

2. 标本采集时机及次数

（1）菌血症

尽可能在患者寒战开始时，发热高峰前30～60 min采血；尽可能在使用抗菌药物治疗前采集血培养样本；如患者已经使用抗菌药物治疗，应在下一次用药之前采集血培养。采血部位通常为肘静脉，切忌在静脉滴注抗菌药物的静脉处采血。除非怀疑有导管相关的血流感染，否则不应从留置静脉或动脉导管取血，因为导管常伴有定植菌存在。对于成人患者，应同时分别在两个部位（2套）采集血标本；每个部位应准备需氧和厌氧培养各一瓶。对于儿童患者，应同时分别在两个部位采集血标本，分别注入儿童瓶，厌氧瓶一般不需要，除非怀疑患儿存在厌氧菌血流感染。

（2）感染性心内膜炎

建议在经验用药前30 min内在不同部位采集2～3套外周静脉血培养标本。如果24 h内所有标本均为阴性，建议再继续采集3套标本送检。

3. 采血量

采血量会影响血培养检出阳性率的结果，采血量过少会明显降低血培养阳性率。血液和肉汤的比例一般推荐为（1∶10）～（1∶5），标本量大于1 mL，细菌量也增加。成人每次每培养瓶应采血8～10 mL；婴幼儿根据体重确定采血总量，每培养瓶（儿童瓶）采血1～5 mL。

二、血液标本的微生物学检验

（一）常见病原菌

血液标本常见病原菌见表4-1。

表4-1 血液标本常见病原菌

种类	病原菌
革兰氏阳性球菌	金黄色葡萄球菌、凝固酶阴性葡萄球菌、肺炎链球菌、A群链球菌、B群链球菌、草绿色链球菌、肠球菌
革兰氏阳性杆菌	结核分枝杆菌、单核细胞性李斯特菌、阴道加特纳菌、炭疽芽孢杆菌
革兰氏阴性球菌	脑膜炎奈瑟菌、淋病奈瑟菌、卡他布兰汉菌
革兰氏阴性杆菌	大肠埃希菌、铜绿假单胞菌、肺炎克雷伯菌、肠杆菌、变形杆菌、沙雷菌、沙门菌、不动杆菌、布鲁氏菌、嗜血杆菌
厌氧菌	脆弱拟杆菌、产气荚膜梭菌

（二）检验方法

1. 普通病原菌的培养及鉴定

（1）增菌培养

增菌培养通常有手工培养法和自动化仪器培养法两种。采用手工培养法，需要每天目测观察是否有细菌生长，如出现混浊、沉淀、形成菌膜、产生色素或气泡、培养液颜色发生变化、凝固或溶血等现象，则提示有细菌生长（见表4-2）。反之，则轻轻摇匀血培养瓶继续孵育培养。采用全自动血培养仪培养，发现细菌生长时仪器会自动报警（报阳）。全自动血培养系统通常要求设定 15 ~ 20 min 时间间隔来监测需氧血培养瓶和厌氧血培养瓶中细菌生长曲线，以便及时报阳、及时处理。

表 4-2 培养瓶中有菌生长时不同的性状特征

性状特征	菌种
混浊、有凝块	金黄色葡萄球菌
均匀混浊，发酵葡萄糖产气	大多为革兰氏阴性菌
微混浊，有绿色变化	肺炎链球菌
表面有菌膜，膜下呈绿色混浊	铜绿假单胞菌
表面有菌膜，培养液清晰，底层溶血	枯草芽孢杆菌
厌氧瓶有变化，而需氧瓶无变化	可能为厌氧菌

（2）阳性培养

当发现细菌繁殖，应立即将血培养瓶或全自动血培养仪取出，并进行如下操作：涂片、革兰氏染色、镜检；同时将阳性培养液转种至适当的培养基，如血琼脂平板、麦氏平板（或中国蓝）及巧克力琼脂平板（CO_2 环境），对阳性标本进行分离和培养。各单位可以根据自身需求，决定是否基于涂片结果用培养液进行直接药敏试验。

（3）阴性培养

全自动血培养仪细菌培养一般设定周期为 5 d，分枝杆菌 42 d；手工法细菌培养一般周期设定为 7 d，分枝杆菌 60 d。可以在 72 h 培养阴性后，进行初步报告，但应说明"培养 72 h 阴性，标本将延长培养至 ×× 天，如为阴性不重复报告"。72 h 后，如果结果转为阳性，应按前述阳性报告程序处理，与临床医生沟通并补发阳性报告。建议手工法报告培养阴性前，将血培养液盲转至血琼脂平板和巧克力平板，于 CO_2 环境下孵育 24 h，培养结果阴性后方可报告。

2. 特殊病原菌的培养及鉴定

（1）布鲁菌属

进行试验时，通常将血液接种到双相血培养瓶内，一般固相培养基采用胰蛋白酶大豆琼脂、胰蛋白胨琼脂或布鲁氏菌琼脂（琼脂浓度为 2.5%），液相培养基为不含琼脂的相同培养基。于含 5% ~ 10% CO_2、35 ℃环境下培养，每 48 h 观察有无细菌生长。若无细菌生长应继续培养，阴性应培养至 30 d 后才可发出报告。

（2）乏氧菌

该类细菌生长需要硫醇复合物和维生素 B_6，在血培养基中需加入盐酸 – 磷酸吡多醛或 L-半胱氨酸或二者皆有，否则乏氧菌不能生长。将血培养物转种至血琼脂上，然后交叉划线接种金黄色葡萄球菌，靠近金黄色葡萄球菌处有乏氧菌生长。

（3）细菌 L 型

一般血培养瓶内很少分离出细菌 L 型。在培养基中含有 10% 蔗糖或甘露醇时，才适合细菌 L 型生长。

（4）心内膜炎特殊致病菌

如果常规血培养 72 h 后显示阴性，而患者临床症状仍提示感染性心内膜炎，为了更好地分离出营养需求严格、生长缓慢的革兰氏阴性杆菌，如人心杆菌、侵蚀艾肯菌、金氏菌、伴放线放线杆菌、军团菌等，应增加培养基的营养或添加剂。培养时间延长为 2 ~ 4 周，然后转种到专门培养基中。

三、血液标本的微生物学检验结果报告

（一）阳性结果报告程序

血培养阳性结果属于危急值，采用分级报告制度。

1. 一级报告（初步报告）

如果发现血培养显示阳性，要立即进行涂片和革兰氏染色，并报告临床医生，包括患者姓名、阳性血培养瓶类型、瓶数、报警时间、涂片革兰氏染色特性及形态等，详细了解患者目前感染情况和抗菌药物使用情况并记录。此外，还应记录报告时间、接收报告者信息、报告者信息及是否复述结果。各单位可以根据自身医疗需求，决定是否基于涂片结果用培养液进行直接药敏试验。

2. 二级报告（补充报告）

第二天将初步鉴定结果汇报给医生。如进行直接药敏试验，应汇报药敏试验结果。

3. 三级报告（终报告）

报告应提供菌种名称、血培养阳性时间（以小时计算）和标准药敏试验结果。

（二）阴性结果报告程序及报告内容

血培养可以在 72 h 培养阴性后，进行初步报告，但应说明"培养 72 h 阴性，标本将延长培养至 ×× 天，如为阴性不重复报告"。如果 72 h 后结果转为阳性，应按血培养阳性报告程序处理，与临床医生沟通并补发阳性报告。

第三节　脑脊液标本的微生物学检验

脑脊液的细菌学检验对于细菌性脑膜炎的诊断十分重要。正常来说，脑脊液是无菌的，如果检出细菌，提示可能存在细菌性（急性化脓性或结核性等）脑膜炎。

对于确诊脑膜炎，脑脊液的细菌学分析显得尤为关键，因为它可以帮助医生准确地识别

急性化脓性或结核性脑膜炎，而这些疾病通常在健康的情况下不会发生。

一、脑脊液标本的采集

（一）临床采样指征

如果患者在某些情况下出现无法解释的头痛、发热、喷射性呕吐、脑膜刺激症状、神经麻痹征等，则可能出现中枢神经系统感染。为了确诊，建议送脑脊液培养标本和血培养标本检查。

（二）标本采集方法

脑脊液的采集一般使用腰椎穿刺术，特殊情况可采用小脑延髓池或脑室穿刺术。手术由临床医生完成，必须执行无菌操作。首先，给采集部位皮肤消毒，通常在第3、4腰椎或第4、5腰椎间隙插入带有管芯针的空针，进针至蛛网膜间隙后，拔去管芯针，收集5~10 mL脑脊液，将其放入3支无菌试管，第一支做细菌学检查，第二支做生化或免疫学检查，第三支做细胞学检查。细菌学检查要求标本适量：用于一般细菌检查脑脊液量应≥1 mL，用于分枝杆菌检查脑脊液量应≥2 mL。脑脊液采集量不能少于1 mL。尽可能多收集脑脊液，可以提升培养的阳性检出率，尤其是针对分枝杆菌的培养。

二、脑脊液标本的微生物学检验

（一）常见病原菌

脑脊液标本常见病原菌见表4-3。

表4-3　脑脊液标本常见病原菌

种类	病原菌
革兰氏阳性球菌	金黄色葡萄球菌、肺炎链球菌、A群链球菌、B群链球菌、肠球菌
革兰氏阳性杆菌	结核分枝杆菌、炭疽芽孢杆菌、单核细胞性李斯特菌、类白喉棒状杆菌
革兰氏阴性球菌	脑膜炎奈瑟菌、卡他布兰汉菌
革兰氏阴性杆菌	流感嗜血杆菌、大肠埃希菌、产气肠杆菌、铜绿假单胞菌、肺炎克雷伯菌、变形杆菌、不动杆菌、脑膜炎败血黄杆菌
厌氧菌	拟杆菌

（二）检验方法

1. 涂片检查

（1）一般细菌涂片检查

除结核性脑膜炎外，由其他细菌引起的化脓性脑膜炎，脑脊液标本大部分明显混浊，可直接涂片，进行革兰氏染色后镜检。无色透明的脑脊液，应离心（4 000 r/min，离心10~15 min）后涂片、染色、镜检。根据染色结果及细菌形态特征，常可初步提示致病菌的种类。例如，革兰氏染色阴性、凹面相对的球菌，可能是脑膜炎奈瑟菌；链状排列的革兰氏阳性球菌，可能是链球菌；长丝状等多形态性的革兰氏阴性杆菌，可能是流感嗜血杆菌。

（2）结核分枝杆菌涂片检查

将标本以4 000 r/min离心30 min，然后对沉淀物进行抗酸染色检查。

2. 分离培养

用接种环挑取混浊脑脊液或经离心沉淀的沉淀物，分别接种于血琼脂平板、巧克力琼脂平板，置于 5% ~ 10% CO_2、35 ℃环境下培养 18 ~ 24 h，观察细菌生长情况。可根据菌落特点、形态与染色性及生化反应鉴定细菌，并做药敏试验。

三、脑脊液标本的微生物学检验结果报告

阳性结果报告：同血培养阳性结果分级报告制度。

阴性结果报告：培养 48 h，仍无细菌生长者，报告为"培养 48 h 无细菌生长"。

第四节　尿液标本的微生物学检验

泌尿系统感染按照分类不同可分为单纯性尿路感染和复杂性尿路感染，或上尿路感染和下尿路感染。诊断主要通过采集尿液标本进行微生物学检测。

一、尿液标本的采集

（一）临床采样指征

当患者出现以下情况，应考虑送检尿液标本。出现尿频、尿急、尿痛、血尿、肾区疼痛等症状，同时伴有寒战、高热、白细胞计数升高；尿常规结果表现为白细胞高和（或）亚硝酸盐阳性；留置导尿管患者出现发热。无症状的患者不建议常规进行尿培养检测。

（二）标本采集方法

1. 清洁中段尿

诊断泌尿系统感染的标本，主要选择清洁的中段尿，中段晨尿最佳。采集的关键是如何避免采集过程中周围皮肤黏膜及尿道定植菌的污染。标本的采集往往由患者独立完成，应向患者充分说明留取无污染中段尿的意义和具体采集方法。尽可能在未使用抗菌药物前送检。

操作如下：提醒患者采集前一日睡前少饮水，清晨起床后用肥皂水清洗会阴部，女性应用手分开大阴唇，男性应翻上包皮，仔细清洗，再用清水冲洗尿道口周围。开始排尿，将前段尿排去，中段尿 10 ~ 20 mL 直接排入专用的无菌容器中，立即送检，2 h 内接种。该方法简单、易行，是最常用的尿培养标本收集方法，但很容易受到会阴部细菌的污染，应由医护人员采集或在医护人员指导下由患者正确留取。

2. 导尿管采集

为了防止尿液受到污染，建议直接穿刺导尿管采集尿液标本，禁止从集尿袋中采集标本。

操作如下：首先，夹闭导尿管，不超过 30 min；其次，用乙醇棉球消毒导管近端采样部位周围外壁；然后，将注射器针头穿刺进入导管腔，抽吸出尿液，将收集的尿液置于无菌尿杯或试管中；最后，检查杯盖是否密封，避免洒溢。

3. 耻骨上膀胱穿刺

如需进行厌氧菌培养，或遇儿童及其他无法配合获得清洁尿液标本的患者，应采用耻骨

上膀胱穿刺。

操作如下：首先，消毒脐部至尿道之间区域的皮肤，对穿刺部位进行局部麻醉；其次，在耻骨联合和脐部中线部位将针头插入充盈的膀胱；然后，用无菌注射器从膀胱吸取尿液；最后，以无菌操作将尿液转入无菌螺口杯，尽快送至实验室培养。可进行床旁接种，将培养平板放入厌氧袋（罐）送检；或以无菌操作直接将注射器中的尿液注入厌氧袋（罐）送检；或以无菌操作直接将注射器中的尿液注入厌氧血培养瓶中，迅速送检。

二、尿液标本的微生物学检验

（一）常见病原菌

尿液标本常见病原菌见表4-4。

表4-4 尿液标本常见病原菌

种类	病原菌
革兰氏阳性球菌	金黄色葡萄球菌、表皮葡萄球菌、腐生葡萄球菌、B群链球菌、肠球菌
革兰氏阳性杆菌	结核分枝杆菌
革兰氏阴性球菌	淋病奈瑟菌
革兰氏阴性杆菌	大肠埃希菌、产气肠杆菌、铜绿假单胞菌、肺炎克雷伯菌、变形杆菌
其他	钩端螺旋体、支原体、衣原体

（二）检验方法

1. 涂片检查

用无菌技术从尿样中抽出 $5 \sim 10$ mL，经过 3 000 r/min 离心 30 min，获得沉淀物涂片，进行革兰氏染色，并进行显微镜观察，可提示细菌种类。若出现革兰氏阳性和阴性细菌即可报告。当出现革兰氏阴性双球菌，肾形成双排列，在细菌内或细菌外，报告为"找到革兰氏阴性双球菌，存在于细胞内或外，形似淋病奈瑟菌"。若没有出现上述细菌，可报告为"未查见疑似淋病奈瑟菌"。尿液标本 4 000 r/min 离心 30 min，取沉淀物制作涂片，进行抗酸染色检查，若出现红色杆菌，报告为"找到抗酸杆菌"。

2. 一般细菌培养

取中段尿，离心沉淀后，取沉淀物接种于血琼脂平板和麦氏/伊红美蓝琼脂平板，于35 ℃环境下培养 $18 \sim 24$ h，观察有无菌落生长。根据菌落特征和涂片、染色结果，选择相应的方法做进一步鉴定。如培养48 h无细菌生长，即可弃去。怀疑有苛氧菌感染时应增加接种巧克力平板，置于含5% CO_2 的环境培养48 h。

3. 定量分离培养

（1）倾注平板法

将无菌生理盐水 9.9 mL 分装在大试管中，加入被检尿液 0.1 mL，充分混匀，取此液 1 mL 放入直径 9 cm 的灭菌平皿内，加入已融化并冷却至 50 ℃的琼脂培养基 15 mL，立即充分混匀，待凝固后置于 35 ℃环境培养，计数菌落数，乘100即为 1 mL 尿液中菌落数。此为标准法，但由于操作较烦琐，一般少用。

（2）平板接种法

用定量的加样器环取 1 μL 或 10 μL 尿液注往适合的培养基，用接种环均匀涂布，于 35 ℃环境培养 18 ~ 24 h，检查生长的菌落数，计数得出每毫升的菌落数。

（3）标准接种环法

用 1 μL 或 10 μL 的一次性定量接种环蘸取尿液标本，然后在血琼脂或普通琼脂平板均匀划线，检查结果，计算得到每毫升尿液中菌落数。若整个平板菌落数超过 100 个，则不必计算，则报告为"菌落数 > 10^5 cfu/mL"。

（4）特殊菌培养

淋病奈瑟菌培养标本使用专门的培养基，如巧克力琼脂平板，置于 CO_2 环境中培养。厌氧菌培养必须用膀胱穿刺法采集尿液进行培养，接种于厌氧琼脂平板。

三、尿液标本的微生物学检验结果报告

通常认为，尿液细菌计数不应超过 10^3 cfu/mL，若检出革兰氏阳性球菌或革兰氏阴性杆菌计数大于 10^5 cfu/mL，提示可能存在泌尿系统感染。如尿液中细菌数为 10^4 ~ 10^5 cfu/mL，反复培养均查出同一细菌，一般也认为该细菌是病原菌。

对菌落计数结果有意义的临床分离菌株，应鉴定到种并进行标准抗菌药物敏感试验。直接抗菌药物敏感试验仅适用于细菌计数 > 10^5 cfu/mL 的纯培养菌，其目的是缩短报告时间，减少患者医疗花费，但该方法缺乏标准化程序。该方法不应作为常规药敏试验方法，不能用于混合细菌生长的标本，不适用于标本中细菌计数 < 10^5 cfu/mL 的情况，仅适合测试单位自行解释药敏试验结果。

（一）阳性结果报告

1. 无明确意义的阳性结果报告

报告内容包括菌落计数、革兰氏染色形态特征并注明是纯培养还是混合菌生长。如报告"革兰氏 × 性 × 菌生长，菌落数 × × cfu/mL，纯培养（混合菌生长）"。

2. 有意义的阳性结果报告

报告内容包括菌落计数、细菌种名及抗菌药物敏感试验结果。

（二）阴性结果报告

应报告"接种 1 μL 尿液，培养 48 h 无菌生长（ < 10^3 cfu/mL，无临床意义）"或"接种 10 μL 尿液，培养 48 h 无菌生长（ < 10^2 cfu/mL，无临床意义）"。仅报告"无菌生长"不准确，如果为严格无菌操作下采集的尿液，如耻骨上膀胱穿刺采集的尿液，可直接报告为"培养 48 h 无菌生长"。

第五节　粪便标本的微生物学检验

人体肠道内有多种细菌寄生，包括大量的厌氧菌、肠球菌、大肠埃希菌、肠杆菌、变形杆菌、粪产碱杆菌等。由于引起胃肠道感染的微生物种类繁多，诊断较为复杂，因此加强对

胃肠道标本的病原微生物检测与研究十分重要。粪便是诊断胃肠道感染的最主要标本。

一、粪便标本的采集

（一）临床采样指征

当患者出现腹痛、腹泻（水样便、脓血便），或伴有发热，或粪便常规镜检异常，建议采集粪便标本进行细菌培养。

（二）标本采集方法

标本采集应尽可能在使用抗菌药物治疗前进行，以确保检查的准确性。标本应收集在宽口便盒内，并加盖密封。艰难梭菌需在厌氧环境中生存，建议在床旁进行标本的采集及接种。接种后的标本应立即放入厌氧袋，并送至实验室。重复采集标本，可提高阳性检出率。

1. 自然排便法

常规采集方法为：患者在干燥、清洁的便盆（避免使用坐式或蹲式马桶）内自然排便后，挑取有脓血、黏液部分的粪便 2 ~ 3 g（液体粪便则取絮状物 1 ~ 3 mL）放入无菌便盒送检。若无黏液、脓血，则在粪便上多点采集送检。

2. 直肠肛拭子法

用肥皂水洗净肛门周围，将蘸有无菌生理盐水的棉拭子插入肛门 4 ~ 5 cm（儿童为 2 ~ 3 cm）处。棉拭子与直肠黏膜表面接触，轻轻旋转拭子，可在棉拭子上见到粪便。将带有粪便标本的棉拭子插入运送培养基，立即送检。本方法仅适用于排便困难的患者或婴幼儿，不推荐使用棉拭子做常规标本。

（三）标本的保存及运送

粪便标本室温下送检时间不应超过 2 h，以确保准确性。若不能及时送检，可加入 pH 值为 7.0 的磷酸盐甘油缓冲保存液或使用卡 – 布（Cary–Blair）运送培养基置于 4 ℃冰箱保存，保存时间不超过 24 h。

二、粪便标本的微生物学检验

（一）常见病原菌

粪便标本常见病原菌见表 4–5。

表 4–5　粪便标本常见病原菌

种类	病原菌
革兰氏阳性球菌	金黄色葡萄球菌
革兰氏阳性杆菌	蜡样芽孢杆菌、肉毒梭菌、艰难梭菌、结核分枝杆菌
革兰氏阴性杆菌	沙门空肠菌、志贺菌、肠致病性大肠埃希菌、霍乱弧菌、副溶血弧菌、小肠结肠炎耶尔森菌、弯曲菌

（二）检验方法

1. 涂片检查

粪便标本因各种正常菌群含量甚多，仅以染色性和形态无法分辨是否为病原菌。因此，粪便标本一般不做涂片检查。只有怀疑霍乱弧菌感染及菌群失调所致腹泻时，才做直接涂片检查（观察动力和菌群比例）。

2. 分离培养

（1）沙门及志贺菌培养

取脓血、黏液样粪便或肛拭子，直接划线接种于强选择培养基 [沙门菌 – 志贺菌（SS）培养基或木糖赖氨酸脱氧胆酸钠琼脂] 和弱选择性培养基 [麦康凯琼脂平板培养基（MAC）、伊红美蓝琼脂平板（EMB）、中国蓝琼脂平板]，于 35 ℃环境培养 18 ~ 24 h，用接种针挑选 SS 和 MAC 上不发酵乳糖的无色、透明或半透明、中心黑色的菌落 2 个以上，分别接种于 TSI 和动力 – 吲哚 – 尿素培养基（MIU）。如 TSI 和 MIU 上生化反应符合沙门菌特征，用沙门菌 A–F 多价 O 血清或因子血清进行鉴定；如符合志贺菌属特征，用志贺菌多价血清及 5 种志贺菌因子血清做玻片凝集，一般可做初步诊断。最后鉴定必须进一步做全面生化反应证实。

（2）致病性大肠埃希菌培养

有 5 种类型大肠埃希菌可能引起腹泻，即肠产毒性大肠埃希菌（ETEC）、肠侵袭性大肠埃希菌（EIEC）、肠致病性大肠埃希菌（EPEC）、肠出血性大肠埃希菌（EHEC）和肠集聚性大肠埃希菌（EAEC）。

取脓液、液状或糊状粪便或肛拭子接种于 MAC（或 EMB、中国蓝）琼脂平板，于 35 ℃环境下培养 18 ~ 24 h，挑选可疑菌落 5 个，移种于 TSI 和 MIU。于 35 ℃环境下过夜后，符合大肠埃希菌的生化反应者，进一步做 ETEC、EIEC、EPEC、EHEC 和 EAEC 的鉴定。

（3）霍乱弧菌培养

将米泔样粪便标本接种于碱性蛋白胨，于 35 ℃环境下培养 6 h，获得表层的生长物和菌膜。用划线法将菌膜分别接种于碱性琼脂、庆大霉素琼脂、硫代硫酸钠 – 枸橼酸钠 – 蔗糖（TCBS）琼脂等不同培养平板，于 35 ℃环境下培养 18 ~ 24 h，然后观察菌落特征。该菌在 TCBS 琼脂平板上可形成较大、黄色、微凸菌落，从中选择 5 ~ 10 个可疑菌落，与霍乱弧菌多价"O"诊断血清做玻片凝集试验。对诊断为血清凝集或不凝集的菌株，均应进一步做生化反应和种型鉴定。

（4）副溶血弧菌培养

将取得的黏冻状、血性或液状粪便标本接种于碱性蛋白胨水中，于 35 ℃环境培养 6 ~ 8 h，然后将其转种到 TCBS 琼脂平板，于 35 ℃环境培养 18 ~ 24 h，形成直径为 1.0 ~ 2.5 mm、隆起、绿色、湿润的菌落。将其转种于 TSI、MIU，于无盐、高盐环境下试验，对菌落进行鉴定。

（5）小肠结肠炎耶尔森菌培养

将粪便接种于耶尔森菌选择培养基（NYE），分别在 22 ~ 25 ℃及 35 ℃环境下培养。患者的粪便或肛拭子可在 0.067 mol/L 磷酸盐缓冲液（pH 值为 7.4 ~ 7.8）中增菌（4 ℃），于第 7、14、21 天分别取 0.1 mL 增菌液转种于选择培养基上。各种平板培养 48 h 后，小肠结肠炎耶尔森菌在 NYE 及 MAC 上会呈乳糖不发酵菌落，较小、扁平、无色、稍隆起、透明或半透明。取此菌落接种于 TSI、MIU 等培养基，并做生化反应检测。

（6）空肠弯曲菌培养

取液状或带血粪便，或将卡 – 布运送培养基中的标本立即接种于弯曲菌选择培养基，或先接种于增菌液，经 42 ℃微需氧（85% N_2、10% CO_2、5% O_2）环境培养 48 h 后，转种于上述平板。在 42 ℃微需氧环境培养 48 h 后观察其生长情况，空肠弯曲菌形成凸起、略带红色、有光泽、半透明、直径为 1 ~ 2 mm 的菌落，如培养基表面较湿可扩散生长，各型菌落均不溶血。取此菌落悬滴或压滴观察动力，可见呈摆动的投标样动力。革兰氏染色阴性，两端稍尖呈弧形或 S 形。弯曲菌的鉴定必须结合多种试验结果。

（7）金黄色葡萄球菌培养

取绿色、水样或糊状粪便接种于高盐甘露醇琼脂平板，于 35 ℃环境培养 18 ~ 24 h。挑取金黄色溶血菌落，涂片进行革兰氏染色，镜检。如查见革兰氏阳性球菌呈葡萄状排列，做凝固酶、厌氧甘露醇、耐热 DNA 酶等试验加以鉴定。

（8）艰难梭菌培养

取液状粪便立即接种于环丝氨酸 – 头孢西丁 – 果糖琼脂（CCFA）平板，并将粪便做 10^2 ~ 10^6 稀释后定量接种。于 35 ℃厌氧环境培养 48 h 后，选择粗糙型黄色菌落，转种于葡萄糖疱肉培养基进行毒素测定；同时制涂片，做悬滴检查动力、革兰氏染色及生化鉴定。

三、粪便标本的微生物学检验结果报告

粪便标本的微生物学检验结果报告，应以分离目的菌的结果而定。

（一）阳性结果报告

若分离培养出肠道致病菌，应立即进行细菌鉴定及药敏试验，最终报告为"分离出 × 菌"并报告药敏试验结果。如检出沙门菌或志贺菌，应根据血清学试验分型结果报告为"检出 × × 沙门菌"或"检出 × × 志贺菌"。如检出霍乱弧菌应立即向当地疾病预防控制中心报告。

（二）阴性结果报告

应根据分离目的菌的结果针对性地报告，如报告"未检出沙门菌和志贺菌"。

第六节　痰液标本的微生物学检验

呼吸道感染分为上呼吸道感染和下呼吸道感染。感染不同部位的病原菌差异较大，上呼吸道感染多以病毒为主，下呼吸道感染病原菌多样，因此选择合适的检验标本尤为重要。痰液标本的细菌学检查对于诊断呼吸道感染有重要意义，但它不是诊断肺部感染的最佳标本，因为痰液标本很容易受到口咽部菌群的污染，导致检测结果与临床不符，误导临床诊断与治疗。血培养、肺泡灌洗液或经气管吸取物的培养结果更加准确。

一、痰液标本的采集

（一）临床采样指征

存在以下情况的患者建议采集痰液标本：咳嗽、咳脓性痰，咯血，呼吸困难，伴有发热，胸部影像学检查出现新的或扩大的浸润影；气道开放患者，出现脓痰或血性痰。

（二）标本采集方法

1. 自然咳痰法

以晨痰为佳，晨起清水漱口或刷牙后采集标本，有义齿者应取下，尽可能在使用抗菌药物之前采集标本。用力咳出呼吸道深部的痰，将痰液直接吐入无菌、清洁、干燥、不渗漏、不吸水的广口带盖的容器中，标本量应 ≥ 1 mL。咳痰困难者可用雾化吸入 45 ℃的 100 g/L NaCl 溶液，使痰液易于排出。对难以自然咳痰的患者可用无菌吸痰管抽取气管深部分泌物。

2. 特殊器械采集法

此类方法包括支气管镜采集法、棉拭子采集法、气管穿刺法、经胸壁针穿刺吸收法和支气管肺泡灌洗法，由临床医生按相应操作规程采集。采集标本时必须注意尽可能避免咽喉部正常菌群的污染。

3. 小儿取痰法

用弯压舌板向后压舌，将拭子伸入咽部，小儿经压舌刺激咳痰时，可喷出肺部或气管分泌物，以拭子旋转蘸取并送检。对于幼儿，还可用手指轻叩胸骨上部的气管，以诱发咳痰。

此外，对可疑烈性呼吸道传染病（如肺炭疽、肺鼠疫等）的患者采集检验标本时必须注意生物安全防护。

二、痰液标本的微生物学检验

（一）常见病原菌

痰液标本常见病原菌见表 4-6。

表 4-6　痰液标本常见病原菌

种类	病原菌
革兰氏阳性球菌	金黄色葡萄球菌、凝固酶阴性葡萄球菌、肺炎链球菌、A 群链球菌
革兰氏阳性杆菌	白喉棒状杆菌、类白喉棒状杆菌、结核分枝杆菌、炭疽芽孢杆菌
革兰氏阴性球菌	脑膜炎奈瑟菌、卡他莫拉菌
革兰氏阴性杆菌	流感嗜血杆菌、肺炎克雷伯菌、铜绿假单胞菌、大肠埃希菌、产气肠杆菌、军团菌、百日咳鲍特菌
其他	支原体、衣原体

（二）检验方法

1. 涂片检查

通过进行痰涂片检查，可以准确地评估标本是否适合进行细菌培养，同时也可以初步判定是否有病原菌存在。涂片镜检，需要根据每低倍镜视野（LP）下白细胞和鳞状上皮细胞数目的多少来判断标本是否合格。实验室要建立痰液标本的质量控制流程，发现被口咽部菌群污染的标本应拒收，并建议临床重新采集合格标本。痰液标本中鳞状上皮细胞 < 10/LP、白细胞 > 25/LP 为合格，采集合格标本对细菌的诊断尤为重要。

（1）一般细菌涂片检查

用脓性或血性痰液制作薄而均匀的涂片，经革兰氏染色后进行显微镜检查，获得染色性、基本形态和排列方式等初步信息。

（2）结核分枝杆菌涂片检查

用脓性或干酪样痰液制成厚涂片，抗酸染色后进行显微镜检查，根据染色性及形态，报告是否查见抗酸杆菌。

（3）放线菌及诺卡菌涂片检查

使用生理盐水清洁痰液，若有血迹，可使用蒸馏水溶解红细胞，然后挑取硫黄样颗粒或不透明的着色斑点，置于载玻片上，覆以盖玻片，轻轻挤压，并在高倍显微镜下观察其结构，若发现中央为交织的菌丝，而且末端呈放射状排列，则揭去盖玻片，干燥后做革兰氏染色及抗酸染色镜检。

2. 分离培养

（1）痰液标本前处理

均质化法：向痰液标本中加入等体积的1%胰酶溶液，放置于37 ℃孵育箱孵育90 min，可使痰液均质化，从而减少对分离培养的影响。

洗涤法：预先加15 ~ 20 mL无菌生理盐水于试管内，再加入痰液，震荡5 ~ 10 s，静置，用接种环将沉淀于管底的脓痰片取出，放入另一支试管内，用同样的方法反复洗涤三次，再将洗涤后的痰涂片接种于培养基上。此方法可洗去痰液中绝大部分口咽部正常寄居菌群。

（2）普通细菌培养

将经过处理的痰样分别接种于血琼脂平板、巧克力色琼脂平板、麦氏平板，然后在含 CO_2、35 ℃环境下培养18 ~ 24 h，观察菌落形态。对可疑的细菌涂片，通过革兰氏染色镜检查，根据染色性、基本形态及排列方式等进行初步鉴定。

三、痰液标本的微生物学检验结果报告

（一）涂片镜检

1. 革兰氏染色报告

报告每低倍镜视野白细胞和鳞状上皮细胞计数。

细菌学镜检的描述报告常可提示细菌种类。如见到排列成葡萄状的革兰氏阳性菌，可报告"找到革兰氏阳性球菌，形似葡萄球菌"。如见到革兰氏阳性菌，呈矛头状、成双排列，可报告"找到革兰氏阳性球菌，形似肺炎链球菌"。如见到不易初步判断的革兰氏阳性菌或革兰氏阴性菌则报告"找到革兰氏 × 性 × 形细菌"。如发现其他有意义的细菌，应主动报告观察结果，并与临床医生联系，追踪做进一步检查。

2. 抗酸染色报告

镜检找到红色杆菌，报告"查见抗酸杆菌"，而不能报告"查见结核分枝杆菌"。如见中央为交织的革兰氏阳性菌丝，末端呈放线状排列，弱抗酸染色为阴性，可报告"查见革兰氏阳性杆菌，形似放线菌"；如革兰氏染色形态、染色性与放线菌相似，但弱抗酸染色为阳性，可报告"查见革兰氏阳性杆菌，形似诺卡菌"。

（二）细菌鉴定及药敏试验

分离培养出可疑致病菌后，立即进行细菌鉴定及药敏试验。最终报告对分离出的细菌应

注明菌落的半定量计数。以四区划线做分离培养，平板上第一区生长，菌落数即为"1+"，第一、二区生长，菌落数即为"2+"，以此类推。报告还须包括细菌的鉴定结果及药敏试验结果。

若未检出致病菌，最终应报告"有正常菌群生长"；若无细菌生长，应报告"经48 h培养无细菌生长"。

第七节 脓液及创面感染分泌物标本的微生物学检验

近年来，各种形式的皮肤和软组织感染性疾病频繁出现，如烧伤创面感染、手术后切口感染、急性蜂窝织炎、外伤感染、咬伤感染和压疮感染等，以及其他各种复杂的情况，使得细菌的耐药性变得越来越强。脓液及创面分泌物标本的微生物学检验对于确定感染的病原菌种类，提供药敏试验结果，指导临床治疗有重要的意义。

一、脓液及创面感染分泌物标本的采集

（一）临床采样指征

脓液标本的临床采样指征主要包括：①皮肤或皮下脓肿受累部位出现红、肿、热、痛，需手术切开引流。②深部脓肿表现为局部疼痛和触痛并伴有全身症状，如发热、乏力、食欲缺乏等。③创伤或手术部位感染。

（二）标本采集方法

尽可能在抗菌药物使用前采集。厌氧培养应注意避免正常菌群受污染和接触空气，开放性脓肿不能做厌氧菌培养；闭锁性脓肿或深部切口感染标本不能用拭子采集；出现发热、寒战等全身感染症状患者应同时送检血培养标本。

1. 开放性脓腔标本

采集标本前，应当使用无菌的生理盐水彻底清洁创面。使用两个不同的拭子（一个用于涂片，另一个用于培养）采集深部伤口或溃疡基底部及边缘的分泌物；或剪取深部病损边缘的组织。

2. 封闭性脓肿标本

对病灶局部的皮肤或黏膜表面彻底消毒，用注射器抽取脓液，放入无菌容器内，同时送需氧及厌氧培养。或将脓肿切开引流后，取脓肿壁的一部分送检。

3. 瘘管或窦道脓液标本

最好在外科探查时采集最深处脓液（病灶分泌物）标本送检。

4. 烧伤创面感染标本

由于烧伤的早期创面无菌，烧伤后12 h勿采集标本。当患者出现发热、创面恶化时，考虑采集标本送检。

二、脓液及创面感染分泌物标本的微生物学检验

（一）常见病原菌

脓液及创面感染分泌物标本常见病原菌见表 4-7。

表 4-7　脓液及创面感染分泌物标本常见病原菌

种类	病原菌
革兰氏阳性球菌	金黄色葡萄球菌、A 群链球菌、凝固酶阴性葡萄球菌、肺炎链球菌
革兰氏阳性杆菌	炭疽芽孢杆菌、结核分枝杆菌、溃疡棒状杆菌
革兰氏阴性球菌	脑膜炎奈瑟菌、淋病奈瑟菌、卡他莫拉菌
革兰氏阴性杆菌	大肠埃希菌、铜绿假单胞菌、变形杆菌、肺炎克雷伯菌、嗜血杆菌
厌氧菌	破伤风梭菌、产气荚膜梭菌、拟杆菌

（二）检验方法

1. 涂片检查

所有的脓液和创面感染分泌物标本都应该进行涂片检查。

（1）普通细菌检查

取脓液及创面感染分泌物涂片，革兰氏染色镜检，根据形态和染色特点，可提示细菌种类，初步报告"查见革兰氏阳（阴）性球（杆）菌，形似××菌"或报告"未查见细菌"。

（2）放线菌及诺卡菌检查

肉眼观察脓液及创面感染分泌物标本、敷料内是否有直径 1 mm 以下的黄色颗粒（硫黄样颗粒）。用接种环挑取硫黄样颗粒于洁净载玻片上，盖上盖玻片，轻轻挤压。如果颗粒不明显，可滴加 5% ~ 10% 的 NaOH 溶液 2 ~ 3 滴，再用显微镜检查并报告。

（3）厌氧芽孢梭菌检查

对取得的脓液及创面感染分泌物进行涂片，革兰氏染色后在显微镜下检查。观察菌体是否有芽孢形成、芽孢在菌体的位置，以及芽孢与菌体大小比较，并在结果报告中详细描述。

2. 分离培养

（1）普通细菌培养

将标本接种于血琼脂平板和 MAC（或 EMB、中国蓝琼脂平板），于 35 ℃环境下培养 18 ~ 24 h，根据菌落特征和形态染色，做出初步判断，再按各类细菌的生物学特征进行鉴定。

（2）厌氧菌培养

取脓液标本接种于厌氧血琼脂平板及其他厌氧选择平板，置于厌氧环境下培养，根据生长情况及涂片染色结果，按厌氧菌生物学特性进行鉴定。

（3）放线菌及诺卡菌培养

将硫黄样颗粒接种于血琼脂平板或牛心脑琼脂平板，放置于 35 ℃、含 CO_2 的环境培养 72 ~ 168 h 甚至更长时间，以观察是否出现灰白色或浅黄色、面包屑或臼齿状且嵌入培养基的细小菌落。通过革兰氏染色技术、细菌鉴定和药物敏感性测试，确定可疑菌株。

（4）结核分枝杆菌培养

一般将脓液约 0.1 mL 直接接种到结核菌培养基，组织或脏器应先进行粉碎然后进行培养。

三、脓液及创面感染分泌物标本的微生物学检验结果报告

（一）涂片镜检

对于容易识别的常见细菌，可报告"查见革兰氏阳（阴）性球（杆）菌，形似 ×× 菌"；对于不易识别的细菌，可报告"查见革兰氏阳（阴）性球（杆）菌，呈 ×× 排列"。对于阳性杆菌，报告应描述菌体是否有芽孢形成及芽孢在菌体中的位置情况。

（二）细菌鉴定及药敏试验

在排除污染的情况下，所有从标本中分离培养出的细菌都必须报告它们的鉴定结果和药敏试验结果。

第八节　生殖道标本的微生物学检验

生殖系统感染主要包括外阴部病变、尿道炎、阴道炎、宫颈炎、子宫内膜炎和盆腔炎等。病原微生物包括淋病奈瑟菌、解脲支原体和人型支原体、沙眼衣原体等。各类感染的临床症状和体征比较相似，临床不易区分，因此需要通过对生殖道标本进行微生物学检验，以明确病原学诊断。

一、生殖道标本的采集

（一）临床采样指征

具有外阴溃疡、瘙痒及灼热感，出现分泌物、赘生物等症状患者，需采集标本进行微生物学检验。大多数生殖道感染为性传播性疾病，当疑为生殖道感染性疾病时，首先了解是否有不洁性交史，然后根据症状确定检查方向。对于男性患者来讲，先检查尿道是否有脓性分泌物，再依次检查前列腺液、精液。对于女性患者，采集阴道后穹隆处或宫颈分泌物做培养或涂片镜检。

（二）标本采集方法

为了确保准确的检测结果，建议微生物在抗菌药物应用前或停药一周后采集标本。标本采集过程中应遵循无菌操作原则，以减少杂菌污染，采取宫颈标本应避免触及阴道壁，沙眼衣原体在宿主细胞内繁殖，采集时尽可能多取上皮细胞处。

1. 尿道分泌物

（1）男性

患者排尿后采集标本，先用无菌生理盐水清洗尿道口，用灭菌纱布或棉球擦干，用无菌拭子采集从尿道口溢出的脓性分泌物或将无菌拭子插入尿道内 2 ~ 4 cm 取分泌物，然后置于无菌试管中送检。如无脓液溢出，可从阴茎的腹面向龟头方向按摩，促使分泌物溢出。

（2）女性

患者排尿后采集标本，先用无菌生理盐水清洗尿道口，用灭菌纱布或棉球擦干，然后经阴道内诊压迫尿道，从尿道的后面向前按摩，使分泌物溢出，用无菌拭子采样。无肉眼可见

的分泌物时，可用无菌拭子轻轻深入前尿道内，转动并停留 10 ~ 20 s，拔出后，置于无菌试管内送检。

2. 阴道分泌物

用扩阴器扩张阴道，用无菌拭子采取阴道口内 4 cm 处内侧壁或后穹隆处的分泌物。拭子退出时不要触及皮肤，避免污染。

3. 宫颈分泌物

用扩阴器扩张阴道，先用无菌棉球擦除宫颈口分泌物，再用无菌拭子插入宫颈管 2 cm，轻轻转动，并停留 10 ~ 30 s。将采样拭子置于无菌试管内送检。

4. 宫腔分泌物

用扩阴器扩张阴道，在宫颈内放置导管，通过导管插入培养拭子的尖端并采集宫腔分泌物，防止接触宫颈黏膜，以减少污染。将采样拭子置于无菌试管内送检。

5. 前庭大腺分泌物

清洗或消毒前庭大腺，然后按压腺体，让分泌物流出，最后用无菌拭子采样并置于无菌容器内送检。

6. 盆腔脓肿标本

消毒阴道后，进行后穹隆穿刺，由直肠子宫陷凹处抽取标本，将其置于无菌容器内送检。

7. 前列腺液

清洗阴茎和尿道，经直肠前列腺按摩获取前列腺液，用无菌拭子采集前列腺液。标本置于无菌容器内送检。

8. 精液

采集精液要求受检者应在 5 天内未排精。清洗尿道口后体外排精，精液置于灭菌容器内送检。

9. 溃疡分泌物

先用生理盐水清洗患处，再用无菌棉拭子取其边缘或其基底部的分泌物，标本置于灭菌试管内送检。

二、生殖道标本的微生物学检验

（一）常见病原菌

生殖道标本的常见病原菌以性传播疾病的病原菌为主，常见病原菌为淋病奈瑟菌、杜克雷嗜血杆菌等。

（二）检验方法

1. 涂片检查

取生殖道分泌物涂片，革兰氏染色镜检，根据形态和染色特点、炎症细胞的数量及线索细胞等，可提示细菌种类，初步报告"查见革兰氏阳（阴）性球（杆）菌，形似 ×× 菌"或报告"未查见细菌"。

2. 分离培养

（1）普通细菌培养

将标本接种于血琼脂平板和 MAC（或 EMB、中国蓝琼脂平板），于 35 ℃环境培养 18 ~ 24 h，根据菌落特征和形态染色，做出初步判断，再按各类细菌的生物学特征进行鉴定。

（2）B 群链球菌培养

将标本接种于血琼脂平板，置于 5% ~ 10% CO_2、35 ℃环境培养 18 ~ 24 h，根据菌落特征和形态染色，做出初步判断，再按各类细菌的生物学特征进行鉴定。

（3）淋病奈瑟菌培养

将标本接种于血琼脂平板或巧克力琼脂平板，置于湿度为 70%、含 5% ~ 10% CO_2、35 ℃环境培养 24 ~ 48 h，根据菌落特征和形态染色，做出初步判断，再按各类细菌的生物学特征进行鉴定。

（4）厌氧菌培养

怀疑有厌氧菌感染时，应按照无菌操作抽取脓液标本，最好是床旁直接接种于厌氧血琼脂平板及其他厌氧选择平板，并立即送至实验室，置于厌氧环境培养，根据生长情况及涂片染色结果，按厌氧菌生物学特性进行鉴定。

三、生殖道标本的微生物学检验结果报告

（一）涂片镜检

根据显微镜下细胞及细菌的分布情况进行报告。如"见到革兰氏阴性双球菌，分布在白细胞内"或"见到抗酸杆菌"。

（二）细菌鉴定及药敏试验

所有从标本中分离出来的细菌都必须提供它们的鉴定证明和药敏试验结果。

第五章 临床微生物学检验在医院感染检测中的应用

第一节 医院感染概论

一、医院感染的基本概念

（一）医院感染的定义

医院感染也称医院获得性感染。原卫生部于 2006 年发布的《医院感染管理办法》中对医院感染的定义为：住院患者在医院内获得的感染，包括在住院期间发生的感染和在医院内获得出院后发生的感染，但不包括入院前已开始或者入院时已处于潜伏期的感染。广义地说，它是指发生在医院内的一切感染。医院工作人员在医院内获得的感染也属医院感染。

在医院感染的诊断中首先应明确是医院感染还是非医院感染。下列情况属于医院感染：①无明确潜伏期的感染，规定入院 48 h 后发生的感染为医院感染；有明确潜伏期的感染，自入院时起超过平均潜伏期后发生的感染为医院感染。②本次感染直接与上次住院有关。③在原有感染基础上出现其他部位新的感染（除外脓毒血症迁徙灶），或在已知病原微生物基础上又分离出新的病原微生物（排除污染和原来的混合污染）的感染。④新生儿经母体产道时获得的感染。⑤由于诊疗措施激活的潜在性感染，如结核分枝杆菌等的感染。⑥医务人员在医院工作期间获得的感染。

下列情况不属于医院感染：①皮肤黏膜开放性伤口只有细菌定植而无炎症表现。②由于创伤或非生物性因子刺激而产生的炎症表现。③新生儿经胎盘获得（出生后 48 h 内发病）的感染，如单独疱疹、弓形虫病、水痘等。④患者原有的慢性感染在医院内急性发作。

（二）医院感染的研究对象

广义地说，医院感染研究的对象是指一切在医院活动过的人群，如住院患者、医院职工、门诊患者、探视者或陪护家属。但由于以上部分人群在医院里逗留的时间短暂，而且感染因素较多，难以确定其感染源是否来自医院。因此，医院感染的研究对象主要应为住院患者和医院职工。

（三）医院感染学与传染病学的区别和联系

1. 医院感染学与传染病学的区别

医院感染学是一门新兴的边缘学科，它随着临床医学、预防医学、微生物学和医院管理学的发展而逐渐演变发展。它的根本任务是预防医院感染的发生，降低医院感染的发生率。传染病学的研究范畴包括传染病和寄生虫病。前者是由病原微生物（立克次体、细菌、螺旋体等）感染人体后产生的具有传染性的疾病，后者是由原虫或蠕虫感染人体后产生的疾病。传染病学研究传染病和寄生虫病在人体内外环境中的发生、发展、传播及其防治规律，重点在于研究这些疾病的发病机制、临床表现、诊断和治疗方法。传染病学同时还兼顾对传染病的流行病学和预防措施研究，以求达到防治结合的目的。传染病学与医学感染学的区别见表5-1。

表5-1 传染病学与医院感染学的区别

项目		传染病	医院感染
病原学	病原微生物	典型致病菌	机会致病菌
	病原学诊断	易于判断	不易判断
	流行病学	季节性	无季节性
	传染源	外源性	内源性、外源性
	传播方式	空气、水、食物	交叉感染（侵入性操作）
	传染对象	健康人群	免疫功能低下人群
	发病率	暴发流行	小范围暴发流行
	传染性	强	弱
	隔离方式	病原性隔离为主	保护性隔离为主
临床学	临床表现	单纯和典型	复杂和不典型
	诊断	临床和流行病学分析可诊断	微生物学分析可诊断
	治疗	较易，新传染病较难	较难

2. 医院感染学与传染病学的联系

医院感染学作为一门跨多个学科的交叉学科，它既包含微生物学、免疫学、流行病学、临床医学、护理学和管理学等多种内容，又与感染学关系密切。如沙门菌、志贺菌和结核分枝杆菌都是引起传染病的常见细菌，也是医院感染的常见病原菌。传染病学关注这些细菌所致疾病的发生、发展、传播的机制，临床表现、诊治方法及预防措施，以期望能够更好地控制和减少这些病原微生物引发的各种疾病；医院感染学旨在探讨其在医院感染中的作用，以及如何高效地检测、治疗、预防以及控制这种些病原微生物。医院感染与传染病发生或流行的共性，需要有三个关键要素：感染源、传播途径以及易感人群，并且存在一定的危险因素将三者联系起来。

二、医院感染的分类

根据病原微生物的来源，可将医院感染分为内源性感染与外源性感染两类。

（一）内源性医院感染

内源性医院感染，是一种由于免疫系统功能低下而导致的感染，其特征是患者发生医院感染之前本身就携带正常菌群或病原菌，在患者机体免疫力受到损害时，引起自身的感染。病原微生物通常是人体内或体表定植、寄生的正常微生物，它们通常没有感染力，但是如果它们与人体之间的平衡被打破，就会造成各种内源性感染，成为机会致病菌。发生感染的条件通常有以下几种。

1. 寄居部位的改变

例如，大肠埃希菌离开肠道进入泌尿道，或手术时通过切口进入腹腔、血流等。

2. 宿主的局部或全身免疫功能下降

进行扁桃体摘除术后，寄居的甲型溶血性链球菌可经血流使原有心瓣膜畸形者出现亚急性细菌性心内膜炎；如应用大剂量肾上腺皮质激素、抗肿瘤药物及放射治疗等，可造成全身免疫功能下降，一些正常菌群可引起自身感染而出现各种疾病，有的甚至导致败血症而致死亡。

3. 菌群失调

当人类的身体的某些特定区域的各种微生物比例发生显著的波动时，就会产生菌群失调的状况。由此导致的一系列临床表现，称为菌群失调症或菌群交替症。

4. 二重感染

即在使用抗菌药物治疗原有感染性疾病过程中产生的一种新感染。长期应用广谱抗生素后，体内正常菌群因受到不同致病菌作用而发生平衡上的变化，未被抑制者或外来耐药菌乘机大量繁殖而致二重感染。二重感染通常由金黄色葡萄球菌和革兰氏阴性杆菌感染所致。临床表现为消化道感染（鹅口疮、肠炎）、肺炎、尿路感染或败血症等。若发生二重感染，应立即停止正在使用的抗生素，对标本培养过程中过多繁殖的菌类须进行药敏试验，以选用合适的药物。同时，要采取扶持正常菌群的措施。

（二）外源性医院感染

外源性医院感染指由他人处或环境带来的外袭菌群引起的感染。外源性感染包括交叉感染和环境感染。交叉感染是指在医院内或他人处（患者、带菌者、医院职工、探视者、陪护者）获得而引起的直接感染，这种感染包括从患者到患者，从患者到医院职工和从医院职工到患者的直接感染，这通常是通过污染的医疗用具及其他物品对人体的间接感染。环境感染是指病原微生物来自患者身体以外的地方，是由污染的环境（空气、水、医疗用具及其他物品）造成的感染，如由于手术室空气污染造成患者术后切口感染，注射器复用引起的乙型肝炎流行等。交叉感染的传染源如下。

1. 患者

许多外来的感染是由人与人之间接触或交往导致的。患者在疾病的潜伏期一直到病后的一段恢复期内，都有可能将病原微生物传播给周围其他人。对患者及早作出诊断并采取治疗隔离措施，是控制和消灭外源性医院感染的一项根本措施。

2. 带菌者

有些健康人可携带某种病原菌但不产生临床症状，也有些患者在恢复期一定时间内仍可继续排菌。这使得他们成为重要的传染源，因为他们没有明显的临床症状，不易被人们察觉，故危害性有时可能超过患者。健康带菌者病原菌包括脑膜炎奈瑟菌、白喉棒状杆菌等，恢复期带菌者病原菌包括伤寒杆菌、痢疾杆菌等。

3. 医院职工

如果医院职工未能按照规范进行消毒、灭菌、隔离及其他必要的无菌操作，很容易造成医院感染。如吸痰、导尿等无菌技术操作不严格可将病原菌带入患者体内，引起肺炎和尿路感染。

目前尚难以有效预防和控制内源性感染，但可以采取适当的治疗方法，如合理使用抗菌药物和免疫抑制类药物，减少感染的发生。现代化的清洁、消毒、灭菌、隔离、无菌技术等措施，可以有效预防和控制外源性感染。

三、医院感染的危险因素

医院感染的原因有很多，其影响因素包括内源性因素和外源性因素。利用流行病学方法（病例队列、发病率统计）可筛选出医院感染的危险因素，为控制医院感染提供依据。

（一）高危科室

外科、血液科、重症监护室（ICU）、肿瘤科、血液透析室、新生儿病室、母婴病室及各科危重症患者科室是医院感染的高危科室。

根据有关医院资料调查分析，由于以上科室通常患者病情较重，侵入性操作较多，患者自身抵抗力下降，血脑屏障和胎盘屏障功能下降，同时保护性隔离等措施不到位，再加上患者长时间住院，治疗过程广泛使用抗菌药物，故易产生耐药菌种，带来医院感染。

（二）住院时间

因为医院病房内空气质量差，探视人员过多，微生物在空气中大量存在，所以危重症患者住院时间越长，获得医院感染的危险性越大。

研究证实，下呼吸道、外科伤口、胃肠道、泌尿道疾病患者的医院感染率随住院时间延长而增加。住院时间超过 10 d 者，医院感染率明显增加，因此要尽量缩短患者住院时间，加速床位周转。

（三）侵入性操作

人体对抗微生物的外部屏障包括皮肤、黏膜及其附属纤毛、腺体以及寄居的正常菌群等。皮肤、黏膜除有机械阻挡作用外，汗腺分泌的乳酸、皮脂腺分泌的脂肪酸、黏膜分泌的黏液，都有杀菌或抑菌作用；唾液、泪液及气管分泌物中存在的溶菌酶，胃液中的胃酸，肠道分泌物中的多种蛋白酶，也都有杀灭微生物的作用。

侵入性操作指诊治中使用各种插管、导管及内镜等使其进入患者身体组织或器官治疗疾病的方法。这些操作常损伤皮肤或黏膜的防御屏障，破坏该组织的自然防御功能，同时若操作时无菌操作出现差错或消毒灭菌不严，可能将微生物带入体内，导致微生物定植并增加患者的易感性，而发生医院感染。插管时间长、多部位插管、插管术后局部护理不到位，吸痰等无菌操作不严，导管及内镜消毒不彻底等因素更增加医院感染的发生率。如留置导尿患者尿路感染率为 9.9%，且感染率随留置导尿天数增加而直线上升，留置导尿患者菌血症发生率是非导尿患者的 5.8 倍。

（四）医护人员手卫生的依从性

医护人员的手不可避免地直接接触患者的身体、皮肤、黏膜，乃至分泌物、排泄物、呕吐物、血液、体液等。医护人员手的污染程度相当严重，存在多种细菌，也可以说医护人员的双手是医院感染的重要传播媒介。如果医护人员对手卫生的认识不到位，洗手不及时或洗手不彻底，就会在为患者实施治疗或护理操作时将病原微生物带入患者体内。因此，医护人员在为每位患者实施治疗前后及接触患者的污染部位后应及时洗手。另外，医护人员污染的工作服未及时更换也是医院感染的原因。

（五）应用类固醇或其他免疫抑制剂

应用免疫抑制剂可改变机体防御状态，增加患者对医院感染的易感性。据调查，有 7% 的患者在住院的某段时间曾接受类固醇或其他免疫制剂治疗，这些患者患医院感染的可能性是未接受该治疗的 2.6 倍。这些患者患肺炎的危险性增加 5.3 倍，患菌血症的危险性增加 10.3 倍，外科切口感染的危险性增加 3 倍，尿路感染的危险性增加 2.7 倍。

（六）不合理使用抗菌药物

抗菌药物的普及，对于控制感染性疾病起了很大的作用，但它的日渐泛滥，带来了细菌的耐药性问题，而且已出现多重耐药菌株，给感染性疾病的治疗带来困难。近年来，细菌的耐药性已成为医院感染预防与控制的一大难题。因此，合理使用抗菌药物，严格掌握适应证和禁忌证，做药敏试验，针对性用药，足量用药，疗程适当，进行细菌耐药性变化的监测，控制耐药菌株的形成，是控制医院感染的重要措施。

（七）年龄因素

除了以上危险因素外，患者的年龄也是危险因素之一。老年患者（60 岁以上）由于呼吸系统、泌尿系统的功能退化，易发生下呼吸道感染、尿路感染等；2 岁以下幼儿由于身体防御功能未发育成熟，也有较高的医院感染发生率。

（八）创伤免疫、代谢与应激反应

严重创伤可导致机体免疫功能严重紊乱，防御功能下降，这是伤后各种并发症，尤其是医院感染的重要原因。严重创伤后，机体发生以高能量消耗和高分解代谢为主要表现的代谢紊乱，主要变化有：创伤后基础代谢率增高，糖原分解加速，脂肪动用加快，蛋白质代谢合成减少、分解增加，呈现明显负氮平衡。严重创伤患者术后如不能进食，营养补充不够，可使患者抵抗力下降，导致医院感染。

（九）消毒灭菌不规范

未严格执行有效的消毒和灭菌措施，也可能会引发医院感染。如呼吸机、导管和内镜消毒灭菌操作不到位，没有完全杀死病原菌，可能引发医院感染。因此，要尽量使用一次性无菌医疗用品并加强管理，坚持做到一人一用，使用后按规定统一回收并焚烧处理。一次性医疗用品的广泛使用，为患者和医护人员提供了一种保护性隔离措施，又为医护人员提供了便利，大大降低了他们的负担。

第二节　临床微生物学检验在医院感染检测中的作用

受多种因素的影响，目前耐药菌株的种类越来越多，使得医院感染的发生率不断升高，不仅给患者带来不必要的痛苦，也增加了额外的医疗费用，造成巨大的浪费。当前，医院感染已经成为医务工作者必须面对的严峻问题。要想降低医院感染的发生率，就要加大医院感染的检测力度。临床微生物学检验作为医院感染检测的主要方法，在医院感染检测的每个环节都发挥着不可比拟的作用。

第一，加强临床微生物学检验，可以提供正确的病原学诊断。当前，临床上经常出现不合理使用抗菌药物的情况，再加上消毒灭菌技术在应用的过程中存在多种不足，这些都使医院感染的发生率大大增加。为了及时采取有针对性的预防、治疗、隔离等措施，充分发挥预防、治疗、隔离的作用，提供迅速、准确的病原学诊断至关重要。当前，细菌培养鉴定技术水平不断提高，应用的仪器和设备性能也在不断完善，这些都为进行有效的病原学诊断提供了保障。

第二，加强临床微生物学检验，有助于更好地监测细菌的耐药性。诸多不合理应用抗菌药物的情况，使细菌耐药性不断增加，且细菌耐药性日益复杂。调查结果显示，大部分住院患者都曾有使用抗菌药物的情况，其中的大多数患者都是医生凭借个人经验给予的抗菌药物，这些抗菌药物的使用并不是完全合理的。因此，为了有效预防医院感染的发生，就要促进抗菌药物的合理使用，这就要求重视临床微生物学检验，要定期对临床病原菌的分布特征以及耐药菌谱加以分析，及时将监测情况上报给医院感染控制部门，以便临床根据监测结果合理、规范使用抗菌药物，降低抗菌药物不合理使用的发生率。可见，加强临床微生物学检验有助于更好地做好细菌耐药性的检测工作。

第三，加强临床微生物学检验，可以为临床定期提供病原学鉴定结果。临床医生在尚未得到明确的病原学诊断结果和药敏试验结果之前，经常凭借自身对本院引起感染的常见菌和细菌对抗菌药物敏感性的了解，初步制订用药方案。随着临床微生物学检验水平的不断提高，病原学鉴定结果报告的时间大大缩短。此外，还可以定期提供病原学鉴定结果和细菌对抗菌药物敏感试验的结果，这些都便于临床医生对用药、治疗方案等加以核实，及时更改用药和治疗方案，达到临床合理用药、科学治疗的目标。

第四，加强临床微生物学检验，有助于实时监测医院、重点科室的环境和医护人员的手卫生情况。实践结果提示，导致医院感染发生的病原菌不仅存在于患者，还存在于医护人员以及医院环境当中，因此需要重视临床微生物学检验。例如，若某个科室或者病房经常发生医院感染情况，就要重点对此科室或者病房物体表面和空气进行微生物学检验，确保达到合格标准，以降低医院感染的发生率。此外，加强医护人员的手卫生执行力度，可以有效预防医院感染的发生。因此，要对医院医护人员的手进行定期的细菌学监测，确保手卫生质量。若医院感染流行，不但要加强临床标本的微生物学检验力度，还要加强对感染的传播途径的监测力度及医院环境微生物学检验力度。

第五，加强临床微生物学检验，有助于更好地评价消毒灭菌效果，对医院感染的发生起到良好的预防作用。大量实践结果提示，为了更好地降低医院感染的发生率，消毒灭菌是不可忽视的一项重要环节。当前一般采用物理灭菌法、化学灭菌法进行消毒灭菌。为了对消毒灭菌效果进行有效的评价，经常采用化学指示剂法、留点温度计法、压力表检测法等对消毒灭菌实施效果进行检测。实践结果提示可靠的检测方法是生物指标检测法，作为生物指标检测的最佳方法，临床微生物学检验的作用不可忽视。

第三节　临床微生物学检验在医院感染检测中的应用

医院感染传播途径主要为接触传播、医疗用具传播、空气传播、血液传播，患者多出现泌尿系统感染、下呼吸道感染、伤口感染等临床症状，若未得到及时有效的治疗，易导致患者病情加重，甚至死亡。相关研究指出，控制医院感染的关键在于早期检测，及时隔断传播途径，保护易感染人群。常规检验属于传统检验方法，效果与临床预期存在一定差距，因此，临床应积极探讨一种更理想的检验方法，以提高感染检出率，为医院感染防治提供更多科学依据。基于此，下面选取某医院医院感染患者 121 例，以研究临床微生物学检验在医院感染检测中的应用价值。

一、基本资料与检测方法

某医院医学伦理委员会审批通过，选取医院感染患者 121 例，男 38 例，女 83 例；年龄 9 ~ 41 岁，平均（23.67 ± 6.98）岁；住院时间 6 ~ 49 天，平均（16.0 ± 4.95）天；感染科室：儿童 ICU 10 例，儿童胸外、泌尿及烧伤科 21 例，妇科 39 例，产科 28 例，儿童脑外科 7 例，其他科室 16 例。

（一）选取标准

选入标准：①均经临床确诊为医院感染。②一般资料完整。③依从性良好。④患者及家属知情，签订承诺书。

排除标准：①妊娠期女性。②患有血液系统传染病者。③伴有严重意识障碍或患有精神疾病无法配合本研究者。④过敏性呼吸道急性炎症者。

（二）检验方法

均行常规检验、临床微生物学检验。

1. 常规检验

予以血、尿等常规检验。

2. 临床微生物学检验

使用 ATB Expression 型号微生物分析仪、ID32E 试条进行病原菌检测、鉴定，检测仪器及试条均购自法国生物梅里埃公司。在进行临床微生物学检验过程中由专家系统做出初筛提示，使用 K–B 法做确诊试验，若克拉维酸抑菌圈在检验过程中直径增加 ≥ 5 mm，则可判定产生超广谱 β– 内酰胺酶。采用纸片琼脂扩散法进行药敏试验，药敏试验方法和判定标准均严格依照美国临床实验室标准化委员会所制定的方法和标准。

（三）观察指标

观察指标主要有两个：一是依照医院感染诊断标准对感染进行诊断和分级，分为轻度感染、中度感染、重度感染，将常规检验、临床微生物学检验两者总检出率进行对比。二是病原菌类型。

（四）统计学方法

使用 SPSS 22.0 进行分析，计数数据以 n（%）的形式表示，并通过 x^2 检验，检验水准 $\alpha = 0.05$。

二、检验结果

（一）常规检验、临床微生物学检验总检出率

经过临床微生物学检验，共有 21 例被诊断为重度感染、30 例被诊断为中度感染、18 例被诊断为轻度感染，总检出率为 57.02%（69/121）。经过常规检验，共 13 例被诊断为重度感染、13 例被诊断为中度感染、2 例被诊断为轻度感染，总检出率为 23.14%（28/121）。临床微生物学检验总检出率较常规检验高（$x^2 = 28.923$，$P < 0.001$）。

（二）病原菌类型

经过检测，医院感染患者从感染部位分离出 121 株病原菌，以铜绿假单胞菌（16.53%）和大肠埃希菌（15.70%）的比例最高（$P < 0.05$）。

（三）主要病原菌耐药性

铜绿假单胞菌对庆大霉素、头孢吡肟耐药率较高，分别为 75.00%、70.00%，对阿米卡星、哌拉西林/他唑巴坦耐药率均为 10.00%；大肠埃希菌对环丙沙星、庆大霉素耐药率较高，分别为 68.42%、57.89%，对阿米卡星、哌拉西林/他唑巴坦耐药率均为 5.26%。

三、案例讨论

近年来，由于临床医学的飞速进步，许多新的治疗手段已经被普遍使用。然而，耐药菌株种类同时也不断增多，医院感染问题得到广泛关注。医院感染不仅影响医疗质量、浪费医疗资源，同时对患者预后、生活质量也产生极大影响。因此，临床需要积极采取措施，提高病原菌检出率及医院感染防治效果，降低感染发生率、病死率。

经过多年的发展，临床微生物学检验已经成为一种有效的诊断技术，它的准确性已经被广泛认可。基于此，本次研究选取某医院 121 例医院感染患者作为研究对象，予以常规检验和临床微生物学检验。结果显示，与常规检验相比，临床微生物学检验总检出率为 57.02%，较常规检验总检出率（23.14%）高（$P < 0.001$），可见临床微生物学检验可提高医院感染总检出率。研究结果还显示，医院感染患者病原菌类型以铜绿假单胞菌（16.53%）、大肠埃希菌（15.70%）为主（$P < 0.05$），提示医院感染致病菌以铜绿假单胞菌、大肠埃希菌为主。

药敏试验结果显示，铜绿假单胞菌对庆大霉素、头孢吡肟耐药率较高，分别为 75.00%、70.00%，对阿米卡星、哌拉西林/他唑巴坦耐药率均为 10.00%。提示临床在治疗铜绿假单胞菌所致医院感染时不宜使用庆大霉素、头孢吡肟，可将常规抗菌药物替换为耐药性较低的阿米卡星、哌拉西林/他唑巴坦，以提高病原菌对抗菌药物的敏感性。本研究发现，大肠埃希菌对环丙沙星、庆大霉素耐药率较高，分别为 68.42%、57.89%，对阿米卡星、哌拉西林/他唑巴坦耐药率均为 5.26%。说明临床在针对大肠埃希菌所致医院感染时不应盲目按照既往临床经验用药，应避免使用环丙沙星、庆大霉素，可将阿米卡星、哌拉西林/他唑巴坦作为首

选治疗药物。

　　鉴于医院感染因素复杂、多样，为有效预防和减少医院感染，临床应采取以下措施：①传染源控制。做好消毒灭菌工作，严格按照生物指标法检测消毒灭菌工作，判断消毒灭菌工作是否符合卫生标准，疾病传染源是否被彻底阻断。②传播途径控制。医生、护理人员双手可能滋生微生物，医疗器械与患者皮肤、黏膜接触易使医疗器械表面附着微生物。医生或护理人员在使用医疗器械过程中可能导致微生物进入患者体内，引发感染。应加强医疗器械消毒力度，定期开展手部细菌学检测，阻断细菌传播。③易感人群控制。流行病学调查结果显示，医院感染多发于免疫功能低下患者，机会致病菌可能引发感染。临床应加强易感人群病原菌监测及环境菌群监测，及时发现异常菌群，进行对应的措施干预，避免患者病情加重。此外，在有药敏试验条件的情况下，应及时对医院感染者进行病原菌培养、药敏试验，及时获取病原菌培养、药敏试验结果，以此为依据调整药物使用方案，提高临床治疗效果。

　　综上所述，在医院感染检测中采用临床微生物学检验能提高医院感染总检出率，可为临床提供更多信息支持，利于临床制订防治措施；结合药敏试验可为临床合理使用抗菌药物提供科学依据，降低耐药菌株产生的风险，避免感染扩散、恶化，值得临床推广应用。此外，随着临床微生物学检验技术的发展，传统生化培养技术培养时间较长等不足逐渐显现，临床应适时更新微生物学检验手段，如通过 MALDI-TOF 质谱检测缩短测试时间，利于节约生化测试成本，并可促使临床及早确诊并制订针对性治疗方案，提高临床治疗效果，降低患者医疗费用。

参考文献

[1] 陈凤钻，林志坚，黄敏华 . 涂片检查在临床微生物检验中的应用效果分析 [J]. 智慧健康，2022（31）：37-40.

[2] 冯桂林 . 临床微生物检测质量的影响因素和解决措施 [J]. 中国卫生产业，2019，16（4）：159-160.

[3] 洪秀华，刘文恩 . 临床微生物学检验 [M]. 北京：中国医药科技出版社，2015.

[4] 黄红兰，石金舟 . 医学微生物学 [M]. 武汉：华中科技大学出版社，2019.

[5] 江秀燕 . 微生物检验技术与临床应用 [M]. 北京：科学技术文献出版社，2020.

[6] 蒋翠霞，郭亚娜，师勇 . 临床微生物检验和细菌耐药性监测分析 [J]. 中国实用医药，2016，11（1）：201-202.

[7] 孔庆玲 . 临床微生物检验分析 [M]. 北京：科学技术文献出版社，2021.

[8] 李文姝 . 医学微生物学 [M]. 北京：高等教育出版社，2020.

[9] 刘华之，陈世萍，丁琴丽 . 医院感染预防与控制研究 [M]. 长春：吉林大学出版社，2019.

[10] 荣誉 . 临床细菌检验快速方法的应用研究进展 [J]. 中国城乡企业卫生，2019（4）：32-34.

[11] 邵世和，卢春 . 临床微生物检验学 [M]. 北京：科学出版社，2020.

[12] 盛永慧 . 临床微生物检验技术 [M]. 北京：科学技术文献出版社，2019.

[13] 唐非，黄升海 . 细菌学检验 [M]. 北京：人民卫生出版社，2015.

[14] 王慧莉，张艳梅 . 临床微生物标本检验和细菌耐药性监测的应用 [J]. 黑龙江医药，2019（5）：1112-1114.

[15] 魏红 . 临床微生物与免疫检验学 [M]. 长春：吉林科学技术出版社，2019.

[16] 吴爱武 . 临床微生物学检验岗位知识与技能 [M]. 北京：人民卫生出版社，2019.

[17] 徐莉 . 临床微生物学检验技术 [M]. 天津：天津科学技术出版社，2018.

[18] 杨春霞 . 临床检验技术 [M]. 长春：吉林科学技术出版社，2019.

[19] 杨刚，贺帅 . 微生物学检验在医院感染检测中的应用价值 [J]. 临床医学研究与实践，2017，2（17）：99-100.

[20] 张琦 . 临床检验技术常规 [M]. 长春：吉林科学技术出版社，2019.

[21] 郑作峰 . 临床微生物实用技术 [M]. 长春：吉林科学技术出版社，2019.

[22] 朱德妹，吴文娟，胡付品 . 细菌真菌耐药监测实用手册 [M]. 上海：上海科学技术出版社，2020.

[23] 朱龙清 . 临床微生物检验与监测对控制医院感染的作用 [J]. 中国社区医师，2016，32（30）：129+131.